유전자가 세상을 바꾼다

유전자가 세상을 바꾼다

초판 1쇄 펴냄 2000년 5월 9일 | 초판 18쇄 펴냄 2000년 8월 2일
개정판 1쇄 펴냄 2004년 3월 15일 | 개정판 10쇄 펴냄 2016년 11월 25일

지은이 김훈기

편집주간 김현숙 | **편집** 변효현, 김주희
디자인 이현정, 전미혜
영업 백국현, 도진호 | **관리** 김옥연

펴낸곳 궁리출판 | **펴낸이** 이갑수

등록 1999년 3월 29일 제300-2004-162호
주소 10881 경기도 파주시 회동길 325-12
전화 031-955-9818 | **팩스** 031-955-9848
홈페이지 www.kungree.com
전자우편 kungree@kungree.com
페이스북 /kungreepress | **트위터** @kungreepress

ⓒ 김훈기, 2004.

ISBN 89-5820-003-0   03500

값 8,500원

유전자가
세상을 바꾼다

인간배아복제, 유전형질전환에 관한 논쟁

궁리
KungRee

개정판 출간에 부쳐

2004년 2월 12일 미국 시애틀에서 열린 기자 회견장. 세계 각국에서 몰려든 300여 명의 기자들이 한국의 두 과학자를 주시했다. 서울대 수의학과 황우석 교수와 의대 문신용 교수였다.

행사를 주관한 곳은 미국의 과학 전문지 《사이언스》를 발행하는 국가과학진흥회(AAAS)였다. 한국 교수팀의 연구 내용은 당일 인터넷을 통해 세계 각국에 소개됐다. 인간 배아 복제를 통해 줄기세포를 '세계 최초'로 얻어 난치병 치료에 획기적인 돌파구를 마련했다는 내용이었다. 한국의 과학자들이 이처럼 세계 언론과 방송의 집중적인 스포트라이트를 받는 일은 처음이지 않았을까.

하지만 이 '과학적 쾌거' 뒤에는 '생명의 존엄성'을 둘러싼 치열한 논란이 자리하고 있다. 어려운 생명공학 내용이지만 우리가 눈여겨보지 않으면 안 되는 이유가 여기에 있다.

『유전자가 세상을 바꾼다』를 선보인 지 3년이 흘렀다. 초판 서문에서 밝혔듯이 생명공학의 시대답게 하루가 멀다 하고 새로운 소식들이 쏟아져 나왔다.

하지만 책의 제목처럼 세상은 유전자에 의해 그렇게 쉽게 바뀌지 않는 듯하다. 새로운 소식 가운데에는 생명공학의 진보보다는 이전의 연구 결과에 대한 수정을 알리는 내용이 훨씬 많은 느낌이다. 초판을 마무리한 지 겨우 수개월도 안 되어 과학계에서는 인간의 유전자가 10만 개가 아닌 3~4만 개에 불과하다는 예상이 나왔다. 국내에서 촉망받던 복제 동물과 형질 전환 동물이 경제성 면에서 낙제 점수를 받기도 했다.

다른 한편으로 초판에서 우려와 함께 예상한 일들이 현실화된 경우가 속속 등장했다. 진위 여부를 떠나서 최초의 복제 인간이 탄생했다는 소식이 들렸다. 그로부터 얼마 후 최초의 복제 동물 돌리가 제명을 다하지 못하고 사망했다.

이 와중에 한국의 생명윤리법안을 둘러싼 논란은 7년째 계속되다 마침내 2003년 말 국회에서 법안이 통과됨으로써 일단 종지부를 찍었다. 인간 복제는 금지됐다. 하지만 인간 배아 복제를 비롯해 여타 다양한 이슈들에 대해서는 여전히 이견이 분분하다.

분명한 사실은 생명공학이 여전히 우리에게 풍요로운 미래에 대한 전망과 함께 '당장 눈에 보이지 않는' 위험을 제공한다는 점이다. 앞으로도 오랫동안 지속될 것이다. 부끄럽지만 용기를 내서 개정판을 내려고 마음먹은 이유였다.

이미 옛날 얘기가 돼버린 데이터를 가능한 대로 최신 뉴스를 통해 교체했다. 또 새롭게 떠오른 이슈를 나름대로 소절들을 통해 정리했다. 하지만 이 책의 문제 의식과 전체 구성은 변함이 없다. 생명공학이 던지는 질문에 대해 공정한 답변을 마련하는 데 도움이 되도록 기본 자료를 제공하려는 것이다. 새롭게 교체한 내용의 많은 부분은 동아사이언스 선후배 기자들이 3년 간 취재한 내용을 참조했음을 밝힌다.

2004년 3월

김훈기

초판 서문

2000년 2월 29일. 클린턴 미국 대통령은 "두 달 안에 인간 게놈 프로젝트를 마치겠다"고 호언장담했다. 암이나 치매와 같이 유전자에 이상이 생겨 발생하는 수많은 난치병이 정복될 단초가 마련됐기에 무척 반가운 소식이다. 또 클린턴 대통령은 3월 15일 영국 블레어 수상과 함께 "프로젝트의 성과물을 일반에게 전면 공개해야 한다"고 주장했다. 선진국의 일부 생명 공학 회사가 유전 정보를 독점하려는 시도를 막겠다는 의지를 천명했다는 면에서 역시 반가운 소식이다. 하지만 한국인은 인간 게놈 프로젝트의 혜택을 얼마나 볼 수 있을까. 대답은 부정적이다. 왜 그럴까.

한 윤리학자에게 물었다. "복제 인간이 탄생하는 것에 대해 어떻게 생각하십니까?" "인간 복제는 자연의 흐름을 거역하는 행위입니다. 복제 인간은 진정한 생명체가 아닙니다." 다시 그 윤리학자에게 물었다. "그렇다면 이미 태어난 복제 인간은 생명체로 존중을 받아야 합니까, 아닙니까?" 이 질문에 누가 자신 있게 답할 수 있을까.

21세기는 생명공학의 시대라는 말을 흔히 듣는다. 최근 언론과 방송에서 하루가 멀다 하고 쏟아지는 소식을 보면 이 말이 충분히 실감난다. 인간 게놈 프로젝트, 복제, 유전자 조작 식품과 같은 용어들은 일반인에게도 이미 익숙해졌다. 각 주제에 대해 찬반 논란 역시 활발하게 벌어지고 있다.

하지만 취재 현장에 선 기자의 눈으로 볼 때 생명공학의 혜택이나 폐해에 대해 어느 쪽이든 자신의 입장만을 일방적으로 밀어붙인다는 느낌을 지울 수 없다. 예를 들어 인간 게놈 프로젝트의 성과물에 대해서는 대체로 긍정적인 견해가 많다. 하지만 여기서 파생되는 '유전자 차별'이나 '유전자 특허', 그리고 한국을 비롯한 대부분의 국가가 그 혜택을 받기 어렵다는 점에 대해서는 한결같이 부정적인 입장이다.

또 인간 복제에 대해 우리는 윤리적인 입장에서 대체로 반대 의사를 표명한다. 하지만 찬성하는 사람들의 논리에 대해서는 별로 관심이 없는 게 사실이다. 인간 배아 복제와 인간 복제의 개념 차이를 모르는 경우도 많다. 더욱이 동물 복제에 대해서는 별다른 입장이 드러나지도 않는다.

이런 상황에서 생명공학의 성과는 우리에게 끊임없이 선택을 요구한다. 유전자 조작 식품을 먹어야 할 것인가. 복제 기술을 이용해 아기를 얻겠다는 불임 부부의 주장을 받아들여야 할 것인가. 가까운 장래 정육점에 저렴한 가격으로 복제 한우 고기가 진열돼 있다면 과연 사야

할 것인가. 결혼 상대를 정할 때 상대방에게 건강은 물론 지능마저 알수 있는 유전 정보를 달라고 요구해야 할 것인가 등등. 첨단 생명공학이 인간에게 던지는 알쏭달쏭한 문제를 하나씩 풀기 위해서는 우선 긍정적·부정적 영향에 대해 충분히 숙지해야 한다. 각 용어에 대한 구체적인 개념을 파악하고 있어야 함은 물론이다.

이 책은 이런 문제 의식에 대한 답변을 나름대로 마련하기 위해 시도한 조그만 결과물이다. 최근 생명공학을 둘러싸고 활발히 벌어지는 쟁점들을 파악하기 위한 하나의 입문서를 편집하고자 했다. 가장 염두에 둔 사항은 생명공학의 개념을 평이하게 풀어 설명하려 했다는 점, 그리고 각 주제별로 생명공학의 장점과 단점, 또는 찬성과 반대의 시각을 가급적 균형을 맞춰 소개하려 했다는 점이다. 그래서 과학자나 정부·기업측 연구자의 논리뿐 아니라 시민(단체)의 입장 역시 비중 있게 다뤘다. 만일 용어의 개념이 애매하거나 어느 한쪽의 입장이 강하게 부각됐다면 이것은 전적으로 필자의 미숙함 탓이다.

이 책은 크게 세 장으로 구성돼 있다. 제1장 인간 게놈 프로젝트에서는 생명공학을 이해하는 출발점인 DNA의 개념에서 시작해 프로젝트의 내용과 의미, 그리고 인간에게 부정적으로 미칠 영향을 소개했다. 제2장에서는 복제의 유용성과 문제점을 동물 복제, 인간 배아 복제, 그리고 인간 복제로 구분해 다뤘다. 아울러 인간 배아 복제에 대해 논의할 때 흔히 제기되는 사안인 '생명의 시작은 어디인가', 그리고 '인간 복제가 불임에 대한 최선의 대안인가'를 고민하는 데 도움이 되는 불임에 도전하는 생식 의학을 함께 소개했다. 마지막으로 제3장은 유전자를 조작해 새로운 생명체를 만드는 일들을 소개했다. 외래 유전자를 삽입하거나 필요없는 유전자를 빼서 만들어진 유전자 조작 식품(식물)과 형질 전환 동물의 경우 찬반 입장에서 어떤 논의들이 진행되는지 살펴봤다.

이 글의 대부분은 지난 1년여 동안 월간 《과학동아》에 게재된 내용이다. 여기에 약간의 살을 붙이고 나름대로 틀을 만들었다. 제1장 인간 게놈 프로젝트의 개념은 생명공학연구소 이대실 박사, 울산대학교 의대 송규영 교수, 한양대학교 생화학과 황승용 교수, 그리고 지금은 《과학동아》의 한 식구가 된 이영완 기자의 글을 부분적으로 인용했음을 밝힌다.

짧은 글이지만 막상 마무리를 지으려니 커다란 부끄러움과 함께 도와주신 분들에 대한 고마움이 교차한다. 새로운 이슈가 터질 때마다 먼저 문제를 제기하며 원고 완성을 위해 늘 격려해주신 《과학동아》 김두희 편집장에게 가장 먼저 감사드린다. 무엇보다 취재 과정에서 열심히 자료를 제공해주고 쉽게 개념을 설명해주신 모든 분들의 고마움을 잊을 수 없다. 특히 상명대학교 생물학과 이성호 교수는 대학 선배라는 이유만으로 바쁜 시간을 쪼개 이 글 전체를 검토해주었다. 마지막으로 필자의 문제 의식과 글을 흔쾌히 받아주신 궁리출판사에 깊은 감사의 마음을 표한다.

2000년 5월

김훈기

차 례

I 인간 게놈 프로젝트

II 복제

III 유전 형질의 전환

수록 자료

인간 게놈 프로젝트

>>> 신비의 베일을 벗는 생명의 설계도

마침내 인간의 손에 '생명의 설계도'가 쥐어졌다. 2003년 4월 14일 미국 국립인간게놈연구소(NHGRI) 소장 프랜시스 콜린스 박사는 인간 게놈 지도가 완성됐다는 사실을 발표했다. 콜린스 소장은 이날 미국 메릴랜드 주 베데스다에 위치한 국립보건원(NIH)에서 열린 기자 회견에서 '마침내 인체의 설계도를 풀어냈다'고 밝혔다.

발표장에는 인간 게놈 프로젝트를 초창기에 선두 지휘한 제임스 왓슨 박사가 있었다. 그는 1953년 4월 프랜시스 크릭과 함께 유전자의 비밀을 간직한 DNA가 이중 나선이라는 사실을 밝혀 1962년 노벨생리·의학상을 공동 수상한 인물이다. 인간 게놈 프로젝트의 완성이 DNA의 구조 발견으로부터 꼭 50주년 되는 해에 공표됐기 때문인지 발표장은 한껏 들뜬 분위기였다.

하지만 이날 세계 과학계는 그다지 흥분한 모습이 아닌 듯했다. 이미 수년 전부터 인간 게놈 프로젝트의 성과물이 97% 이상 밝혀졌고, 100% 달성이 수시로 예고돼왔기 때문이다. 더욱이 유전자의 정체는 결코 섣불리 판단할 존재가 아니라는 사실이 드러났다. 인간 게놈 프로젝트가 완성되기 얼마 전 많은 과학자들의 추측을 뒤엎고 유전자의 수가 예상의 절반에 못 미치는 3~4만 개에 불과하다는 사실이 밝혀졌기 때문이다.

인간 게놈 프로젝트에 투여된 비용은 총 30억 달러. 1960년대 미국이 인간을 달에 착륙시키겠다는 목표로 추진한 아폴로 계획 이후 최대 규모로 통하는 프로젝트다.

인간 게놈 프로젝트의 가장 큰 의미는 난치병 치료에 있다. 백혈병, 치매, 심장 기형과 같이 유전자 이상으로 발생하는 수많은 난치병이 정복될 가능성이 커진다. 정상 유전자와 질병 유전자에 관한 데이터가 확보되기 때문이다.

이 모든 정보는 불과 우표 크기만한 유전자 칩에 담겨진다. 사람의 세포 하나를 떼어내 유전자 칩에 반응시키면 질병에 걸릴 가능성이 몇 시간 안에 드러난다. 도대체 인간 게놈 프로젝트가 무엇이길래 이런 엄청난 효과를 발휘할 수 있는 것일까.

유전자의 비밀

게놈(genome)은 유전자(gene)와 염색체(chromosome) 두 단어를 합성해 만든 말로서, 생물에 담긴 유전 정보 전체를 의미한다. 그렇다면 유전자는 우리 몸의 어디에 존재할까. 세포다.

인체는 수조 개의 세포로 이뤄져 있다. 각 세포의 핵에는 한 쌍의 성염색체(여성은 XX, 남성은 XY)를 포함한 23쌍의 염색체가 존재한다. 염색체를 구성하고 있는 주요 성분이 이중 나선 모양의 DNA다.

유전자의 비밀은 바로 DNA에 담겨 있다. DNA는 A(아데닌), C(시토신), G(구아닌), T(티민)이라는 4가지 염기를 가지고 있다. 이 가운데 아데닌은 티민과, 구아닌은 시토신과 화학 결합을 이룬다. DNA는 이런 염기끼리의 결합에 의해 두 가닥이 서로 붙어 나선형으로 꼬여 있는 형태다.

사람의 경우 대략 30억 개의 염기가 존재한다. 이 염기의 배열이 왜 중요할까. DNA의 염기 배열 정보는 DNA와 구조가 비슷한 또 다른 유전 물질 RNA로 전달된다. 이 RNA의 염기 3개에 맞춰 아미노산 하나가 만들어진다. 아미노산은 인체에서 다양한 생리 현상을 주관하는 단백질의 기본 단위다. 따라서 DNA의 염기 배열에 따라 궁극적으로 어떤 단백질이 만들어지는지가 결정된다. 현재 염기 배열만 알면, 즉 염기 3개의 성분이 무엇인지 알면 어떤 아미노산 1개가 만들어지는지가 밝혀져 있다. 이런 의미에서 DNA의 염기 배열을 가리켜 생명의 설계도라고 부른다.

하지만 30억 개의 염기가 모두 단백질을 만들어내는 것은 아니다. 현재까지 알려진 인간의 단백질 종류는 약 10만 개에 달한다. 그런데 이 단백질을 만드는 염기의 수는 30억 개의 3%에 불과할 뿐이다. 나머지 97%는 어떤 기능을 하는지 거의 알려지지 않았다. 흔히 '유전자가 몇 개다' 하고 말할 때의 '유전자'는 바로 단백질을 만드는 3%의 DNA를 의미한다.

인간 게놈 프로젝트는 인간의 유전자 하나하나를 구성하는 4개 화학 문자의 정확한 연결식, 그리고 23쌍의 염색체상에서 이들 유

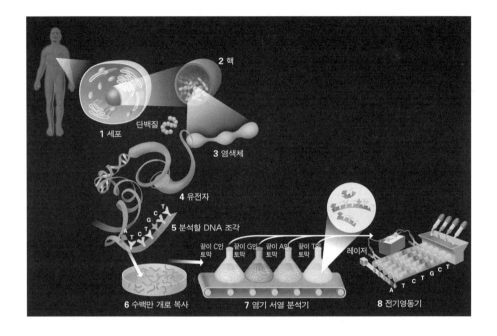

DNA 염기 서열 결정법

수조 개에 달하는 인간의 세포 각각에 유전 정보를 간직한 DNA가 이중 나선으로 꼬여 있다(**1 2 3 4**).
이 가운데 단백질을 만들어내는 부위를 '유전자(gene)'라 부른다. DNA는 아데닌(A), 구아닌(G), 시
토신(C), 티민(T) 4가지의 염기를 가지는데, 아데닌은 티민과, 구아닌은 시토신과 결합하고 있다. 원하
는 DNA 조각(**5**)의 염기 서열을 밝히기 위해서는 우선 이 조각을 배양액에 넣어 수백만 개로 복사한다
(**6**). 이때 그림처럼 ATCTGCT를 가진 조각은 복사되는 과정에서 왼쪽 끝 염기 A로부터 시작하는 다
양한 토막을 형성한다(예를 들어 AT, ATC, ATCTGC 등). 다음으로 이들을 염기 서열 분석기에 옮겨
놓으면(**7**), 다른쪽 끝 부위가 어떤 염기냐에 따라 4종류로 구분된다(T로 끝나는 경우 AT, ATCT,
ATCTGCT 등). 이들을 전기영동기에 넣으면 토막들의 크기에 따라 작은 것들은 먼 곳에, 큰 것들은 가
까운 곳에 자리를 잡는다(**8**). 즉 A, AT, ATC, ATCT, ATCTG, ATCTGC, ATCTGCT 7가지의 토막들
이 순서대로 배열된다. 이들에게 레이저를 쏘여 각 토막 맨 끝의 염기가 무엇인지 알아내면, 처음 DNA
조각의 염기 서열이 ATCTGCT임을 밝힐 수 있다.

>>> 유전자가 세상을 바꾼다

전자 각각의 정확한 위치를 밝혀내는 일이다. 미국 매사추세츠 주 화이트헤드생의학연구소(WIBR)의 유전학자 에릭 랜더는 "19세기 말 원소 주기표의 발견이 화학 산업에서 양자역학 이론에 이르기까지 모든 것에 큰 발달을 가져오면서 20세기의 발판을 마련했듯이 게놈 프로젝트는 21세기를 위한 발판을 마련할 것"이라고 말했다.

인간 게놈 연구는 원래 계획보다 훨씬 빠른 속도로 진행돼왔다. 하지만 인간 게놈 프로젝트는 막대한 비용과 노력을 요구하는 만만치 않은 작업이다. 만약 생물 게놈의 길다란 DNA를 한꺼번에 죽 해독할 기술이 있다면 연구는 간단히 끝난다(세포 하나에 존재하는 DNA를 모두 연결하면 길이가 약 1.5미터에 달한다).

DNA 실타래 풀기

그러나 현재의 기술로는 이 일이 불가능하다. 무엇보다 복잡한 실타래 모양으로 얽힌 DNA 가닥을 풀어놓기가 어렵다. 과학자들이 생각한 묘안은 '일단 자르고 다시 붙이기'였다. 즉 DNA를 특정 효소를 이용해 토막을 낸 후 연결점을 찾아내 다시 연결하면 매끈한 선 형태의 DNA 가닥을 만들 수 있다. 뒤엉킨 실을 풀 때 가위로 여러 곳을 싹둑 자른 후 그 토막들을 순서대로 붙여 한 줄로 길게 늘어뜨리는 것과 비슷한 방식이다.

문제는 이 DNA의 염기 서열이 어떤지를 분석하는 과정이 엄청난 경비와 기술적 혁신을 요구한다는 점이다. 예를 들어 염기 하나를 해독하는 데 소요되는 비용은 1달러다. 사람 게놈의 염기가 30억 개에 달하므로, 게놈 프로젝트를 완수하려면 총 30억 달러가 필요하다는 계산이 나온다.

또 염기 서열을 해석하는 정확도는 완벽하게 100%이어야 한다. 해석 기술이 99.99%의 정확도를 가졌다 해도 턱없이 부족한 값이다. 0.01%가 틀렸다는 말은 사람의 경우 무려 30만여 개의 염기를 잘못 해석했다는 의미이기 때문이다.

인간 게놈 프로젝트의 완성은 이미 2000년부터 초읽기에 들어갔다. 2000년 6월 11일 미국 국립보건원은 DNA 염기 서열 약 30억 개 중 27억 개를 공개했다. 곧 이어 2001년 2월 12일 미국을 비롯한 5개국(영국, 프랑스, 독일, 일본, 중국)으로 구성된 국제컨소시엄인 인간게놈지도작성팀(HGP, Human Genome Project)과 미국 벤처 기업인 셀레라 지노믹스 사가 각각 독립적으로 수행한 연구를 통해 인간 게놈의 염기 서열을 약 99% 정도 밝혀냈다.

그런데 생명의 설계도가 점차 밝혀지면서 과학자들은 매우 당혹스러워지기 시작했다. 인간의 유전자 수가 예상과 달리 너무 적었기 때문이다.

HGP는 인간의 유전자 수를 3~4만 개, 셀레라 측은 2만 6,000~3만 9,000개로 추정했다. 기존에 과학자들이 예측한 유전자 수는 10여만 개. 바로 인간의 단백질 수와 동일한 수치다. 과학자들은 유전자 1개가 단백질 1개를 만들어낸다고 생각한 것이다.

그런데 결과는 너무 달랐다. 더욱이 만물의 영장으로 알고 있던 인간이 하등한 동식물에 비해 고작 2~3배 많은 수의 유전자를 가졌다는 사실이 충격이었다(하등 식물 2만 5,000개, 작은 벌레 종류 1

만 9,000개, 초파리는 1만 3,600개). 과연 인간의 자존심은 씻을 수 없는 상처를 입은 것인가.

그렇지 않다. 인간이 비록 유전자 수가 초파리보다 두 배 많다 해도 초파리에 비해 수백 배 복잡한 생리 작용을 한다는 사실은 변함이 없다. 이 점에서 과학자들은 '1개 유전자 = 1개 단백질' 공식이 잘못됐다는 데 대체로 공감한다. 즉 10만여 개 단백질은 3~4만 개 유전자가 복잡한 상호 작용을 거쳐 만들어낸 작품이라는 것이다.

미국 하버드대 동물학과 스티븐 제이 굴드 교수는 "이 새로운 문제를 해결하는 가장 합리적인 방법은 유전자 하나가 여러 개의 메시지를 만들 수 있다고 가정하는 것"이라고 말한다. 인간의 유전자는 유전 암호를 지니고 있는 부분(엑손)과 암호가 없는 부분(인트론)으로 구성돼 있다. 인트론을 잘라내고 엑손을 연결해 단백질 생산을 위한 신호를 만드는 과정에서 엑손이 빠지거나 연결 순서가 달라지면 하나의 유전자에서 여러 개의 메시지, 즉 단백질이 만들어질 수 있다는 설명이다.

만일 이 가설이 사실이라면 인간의 상처 난 자존심은 어느 정도 회복할 수 있다. 하지만 인간 게놈 프로젝트 본연의 목적인 난치병 치료에는 예상보다 큰 난관이 존재한다는 점을 알 수 있다. 질병을 치료하는 데 유전자 하나만 치료하면 된다는 생각에 찬물을 끼얹는 상황이기 때문이다.

>>> 게놈 연구가 나아갈 길

2003년 인간 게놈 프로젝트의 완료는 로제타 스톤의 발견에 비유된
다. 1799년 8월 나폴레옹 군대는 이집트의 로제타라는 마을에 요새
를 세웠다. 이때 기초 공사를 하던 중 검은색 석판이 발견됐다. 여기
에는 세 종류의 문자, 즉 이집트의 상형문자, 이집트의 민용문자(民
用文字), 그리고 그리스어가 적혀 있었다. 이집트 상형문자가 해독
되는 단초를 제공한 로제타 스톤이 발견된 순간이었다.

하지만 로제타 스톤에 담겨진 내용이 무엇인지 처음에는 알 수
없었다. 2003년 현재 과학자들이 닥친 상황과 동일하다. 인류는 단
지 A, G, C, T 네 가지 알파벳으로 이뤄진 모든 유전 정보를 얻었을
뿐이다. 이를 모아 책으로 만들면 1,000쪽짜리 책 200권에 해당하
는 분량이다.

그러나 이 정보 자체로는 아무런 의미가 없다. 마치 해독할 수 없
는 문자로 이루어진 거대한 고대 도서관의 유적을 발굴한 것에 불
과하다. 이 염기들이 어떤 기능을 수행하는지 해석하지 않고서는

아무런 가치를 찾을 수 없다.

인간 게놈 프로젝트가 완료된 후 연구의 나아갈 길은 크게 두 가지다. 하나는 유전자가 어떤 기능을 가지는지 밝히는 기능유전체학(functional genomics)이다. 그리고 다른 하나는 개인들의 염기 서열이 어떻게 차이가 나는지를 규명하는 비교유전체학(comparative genomics)이다.

또 단백질이 어떤 과정을 거쳐 복잡한 생리 현상을 일으키는지에 대해서도 별도의 연구가 진행돼야 파악할 수 있다. 그래서 선진국에서는 이미 '프로테오믹스(proteomics)'라는 학문 분야가 생겨 단백질에 대한 연구가 본격화되고 있다. 프로테오믹스는 게놈에 의해 만들어지는 단백질(protein)의 집합체를 뜻하는 'proteome', 그리고 학문을 의미하는 접미어 'ics'의 합성어다.

이런 연구들이 진행된 이후에야 우리는 비로소 로제타 스톤의 내용, 즉 기원전 196년 개최된 멤피스의 신관 회의에서 당시 이집트 왕 프톨레마이오스 5세의 즉위식을 축하한 사실을 알아낸 기쁨을 누릴 수 있을 것이다.

집안 수명 내력 비교

1999년 12월 1일 영국 BBC 방송은 선진 5개국으로 구성된 국제 연구팀이 22번 염색체 지도를 성공적으로 작성했다고 보도했다. 22번 염색체는 23쌍 염색체 중에서는 가장 작은 구조를 가지고 있지만 결함이 생기면 광범한 질병과 기능 장애를 유발하는 유전자들이 가득 들어 있다. 이 염색체는 인간의 면역 체계에 관여하고 있고 선천성 심장병, 정신 기능 장애, 그리고 백혈병과도 연관이 있는 것으로 알려지고 있다. 또 22번 염색체의 어디엔가는 정신분열증과 연관된 유전자가 있는 것으로 추측된다.

하지만 과학자들은 유전자의 배열과 구조 등 외형적인 것을 파악했을 뿐이다. 즉 이 유전자가 가지고 있는 기능은 대부분 수수께끼로 남아 있다. 22번 염색체 지도 작성을 위한 국제 작업을 지휘한 영국 생거 센터의 이언 던햄 박사는 "이제부터 할 일은 발견된 유전자들의 기능을 알아내고 새로운 유전자를 찾아 지식의 단절된 부분을 완성하는 것"이라고 말했다.

유전자의 기능을 알아내는 방법으로는 생물학적 접근과 생화학적 접근이 있다. 생물학적 접근은 실험실에서 사용되는 모델 동물로부터 특정 유전자를 제거해 생리 작용이 변화하는 상태를 관찰하는 방식이다. 이를 통해 어떤 유전자가 질병의 원인인지 알아낼 수 있다. 인간과 유전자 구조가 비슷한 동물들에서 얻은 데이터가 인간의 유전자 질환의 원인 규명에 도움이 될 것이 틀림없기 때문에 의학계는 벌써부터 술렁이고 있다.

이에 비해 생화학적인 접근은 이미 알고 있는 유전 정보에서 어떤 단백질이 만들어지는지를 추적하고 제조해 그 구조와 기능을 밝혀내는 방법이다. 예를 들어 세포의 여러 소기관을 인공적으로 조립할 수 있고, 나아가서 인체의 모든 생체 부품이 실험실에서 만들어져 상품으로 등장할 수 있다는 말이다.

인간의 경우 현재까지 밝혀진 10만여 개의 단백질 가운데 기능이 제대로 알려진 것은 9,000여 개에 불과하다. 따라서 9만 개가 넘는 나머지 단백질의 기능을 파악하는 것이 지금 생명과학 연구자들의 가장 큰 숙제로 남아 있다.

한편 비교유전체학은 각 개인을 독특하게 만드는 유전자에 대해 관심을 가진다. 인간 게놈 프로젝트는 '표준 인간'의 청사진을 만들어내는 작업이다. 이 자료가 확보되면 개개인의 유전자 상태가 표준과 어떻게 다른지 알 수 있다. 나아가 비교유전체학의 연구 결과를 통해 '사람마다 모습이 다른 것은 어떤 유전자 때문인가?' '장수하는 집안과 단명하는 집안 사이의 차이점은 무엇인가?'를 밝힐 수 있다. 즉 개인간, 인종간, 그리고 생물간 게놈 정보를 비교해 차이점을 찾아내고, 이로 인한 생체 기능의 차이를 추적하는 것이다. 특히 사람간의 차이를 조사하는 단일염기변이(SNP, single nucleotide polymorphism), 곧 염기 하나의 차이를 비교하는 일은 유전병을 찾아가는 중요한 시발점이 되고 있다.

정상적인 사람들일지라도 염기 1,000개에 1개꼴로 차이가 있다. 즉 차이가 난다고 해서 모두 유전병의 원인으로 작용하는 것은 아니다. 그렇다면 어느 정도의 차이가 나야 유전병이 발생하는지를 밝혀내는 일이 중요하다.

현재까지 알려진 유전적 질환은 5,000여 종에 이른다. 하지만 이 가운데 관련 유전자가 분명히 밝혀진 것은 15%에 지나지 않는다. 나머지 대부분은 유전 성향은 의심되지만 관련 유전자가 여러 개이거나 아직 밝혀지지 않은 질환들이다.

사람에 따라 달라지는 약효

어째서 생명과학이 눈부시게 발달하고 있는 요즘에도 아직 이렇게 모호한 부분이 많이 남아 있을까? 생물학의 중요한 기본 개념인 중복성과 다양성을 고려하면 이를 쉽게 이해할 수 있다. 고등 생물에는 한 가지 기능을 수행하는 유전자가 여러 개 존재하는 경우가 많다(중복성). 또 한 가지 유전자가 여러 기능을 수행하기도 한다(다양성). 만일 한 가지 유전자에 이상이 생기면 그 기능을 다른 유전자들이 떠맡게 된다. 생명체는 자연의 '보이지 않는 손'으로부터 보호받고 있는 셈이다. 그러므로 대부분의 질병들에 관련된 유전자들이 여러 가지라는 사실은 놀랄 일이 아니며, 이 유전자들을 모두 발굴하는 일이 결코 쉽지 않은 것이다.

SNP를 발굴하는 연구가 진전됨에 따라 1996년도까지만 해도 이름이 존재하지 않던 약리유전체학(pharmacogenomics)이 요즘 생물공학 분야에서 각광을 받고 있다. 약리유전체학은 약물유전학(pharma-cogenetics)과 신기술인 유전체학(genomics)이 결합한 학문으로, 환자들의 유전 성향의 차이 때문에 여러 의약품에 대한 반응이 다양하게 나타난다는 점에 초점을 맞추고 있다.

사람마다 키, 피부와 머리 색깔, 성격, 병에 대한 감수성 등이 분명하게 다른 것과 마찬가지로 의약품의 대사와 반응 역시 환자별로 다양하게 나타난다. 이 차이는 대개 유전적 성향 때문에 발생한다. 그렇다면 환자가 어떤 약의 효과를 볼 것인지 또는 부작용이 생길 위험이 있는지를 알려주는 유전적 요인들을 이해하면 투약 전에 이런 반응들을 예견할 수 있는 임상 검사를 개발할 수 있다.

이 검사의 장점은 자명하다. 우선 환자에게 어떤 치료가 좋을지 알기 위해 여러 복잡한 검사들을 거치지 않고도 가장 적절한 약을 즉시 처방함으로써 환자가 빨리 회복될 수 있다. 이때 의료비도 물론 절감된다. 따라서 굴지의 제약 회사들이 더 나은 치료제를 개발할 수 있는 약리유전체학의 잠재력에 흥분돼 있는 것은 당연하다.

침팬지 게놈 프로젝트

비교유전체학은 사람끼리의 차이를 연구하는 데 그치지 않는다. 동물들 가운데 사람과 유사한 유전자를 가진 종류가 많다. 예를 들어 침팬지의 유전자는 사람과 98% 이상이 유사하다고 알려졌다. 만일 인간 게놈 프로젝트와 마찬가지로 침팬지 게놈 프로젝트가 완성돼 침팬지 유전자의 모든 염기 서열이 밝혀진다면, 인간의 질환 연구에 큰 도움을 받을 수 있다. 침팬지를 모델 동물로 사용해 특정 유전자를 변형시킴으로써 질병을 일으킬 때보다 정확한 데이터를 바탕으로 진행시킬 수 있기 때문이다.

2002년 1월 한국 등 6개국 공동 연구팀의 분석 결과 침팬지의 염기 서열이 사람과 98.77% 같은 것으로 나타났다. 한국의 생명공학연구원, 일본 이화학연구소, 독일 막스플랑크연구소, 중국 상하이게놈연구소, 대만 양밍대학교, 미국 오클랜드연구소 등 6개국으로 구성된 '침팬지유전체연구 국제컨소시엄' 은 침팬지의 유전체 지도 초안을 만들어 권위 있는 과학 전문지 《사이언스》 4일자에 공개했다.

그렇다면 인간을 침팬지와 다르게 만드는 1.23%의 유전자 차이를 집중적으로 분석하면, '무엇이 인간과 동물을 구분짓게 하는가'에 대한 해답을 얻을 수 있을지도 모른다. 비록 미시 수준의 세계에 한정된 얘기겠지만.

>>> DNA 칩이란 무엇인가

기능유전체학이나 비교유전체학은 인간 게놈 프로젝트의 결과물을 인간에게 실질적으로 활용할 수 있는 길을 열고 있다. 그러나 속도가 문제다.

간세포 하나를 떼어내 그 안에 어떤 유전자가 존재하는지 알아낸다고 하자. 인간의 모든 세포에는 23쌍의 염색체가 존재한다. 즉 간세포 하나에 10만여 개의 단백질을 만들어낼 수 있는 유전자 설계도가 존재한다는 말이다.

하지만 모든 세포가 10만여 개의 단백질 전부를 만드는 것은 아니다. 간세포는 간의 기능을 가지는 단백질을 만들어낸다. 간세포 유전자 가운데 일부만 기능을 발휘해 필요한 단백질을 생성시키는 것이다.

1만 일이 몇 시간으로 단축

세포를 구성하는 3~4만 개의 유전자 가운데 1,000개가 간세포에서 단백질을 만든다고 가정하자. 우선 전체 DNA에서 이 단백질을 만들어내는 부위를 찾아야 한다. 이 일은 어떻게 이뤄질까. 단백질을 생성하는 DNA의 정보(예를 들어 ATT, CGA 등 3가지 염기의 배열)는 일단 RNA에 전달된다. RNA는 이 유전 정보를 가지고 핵 바깥의 리보솜으로 이동해 이곳에서 단백질을 합성한다. 따라서 간세포 안에서 만들어진 모든 RNA를 골라낸 후 여기에 담긴 염기의 서열을 알아내면 궁극적으로 DNA의 유전 정보를 알 수 있다.

전통적인 방법으로 이 실험을 수행할 경우 1개의 단백질을 만드는 유전자의 염기 서열을 알아내는데 빨라야 하루가 걸린다. 1명이 간세포의 유전자를 모두 조사한다면 1만 일이라는 긴 시간이 소요된다는 말이다. 그런데 최근 획기적인 시간 단축법이 개발됐다. 불과 수시간 내에 1,000개 유전자의 염기 서열을 알아낼 수 있는 길이 열린 것이다.

원리는 간단하다. 간세포의 RNA를 얻은 후 이를 특수 처리해 DNA 구조로 바꾼다. RNA는 구조가 다소 불안정하기 때문에 동일한 유전 정보를 지닌 좀더 안정된 실험 재료를 만든 것이다. RNA는 단일 나선이기 때문에 이때 만들어진 DNA 역시 이중 나선이 아니라 단일 나선 형태다.

다른 한편으로 3~4만 개 구멍 안에 인간이 지닌 모든 유전자가 담긴 칩(chip)을 준비한다. 각 DNA는 단일 나선 형태로 준비돼 있다. 간세포의 1,000개 유전자를 이 칩의 구멍 모두에 집어넣으면 어떻게 될까. 3~4만 개 가운데 1,000개의 장소에서 칩의 DNA와 간세포의 DNA 사이에 결합이 발생할 것이다. 애당초 같은 종류의 DNA였기 때문이다. 이미 3~4만 개 유전자의 염기 서열이 모두 밝혀졌다고 가정하면, 결합 반응을 나타낸 1,000개 유전자가 무엇인지 칩에서 확인해보면 간세포에서 기능을 발휘하는 유전자의 정체가 드러난다. DNA의 염기 서열만 알면 어떤 아미노산이 만들어지는지 확인할 수 있기 때문에, 궁극적으로 간세포에서 생성되는 단백질이 무엇인지도 알 수 있다. 인간의 유전 정보를 고밀도로 담은 DNA 칩이 개발됐기에 가능해진 일이다.

　DNA 칩을 활용하면 질병을 일으키는 유전자의 존재 역시 발견할 수 있다. 예를 들어 정상적인 간세포 유전자 1,000개의 정체가 알려졌다고 가정하자. 이들을 담은 DNA 칩에 간염 환자한테서 얻은 RNA를 DNA로 바꿔 반응시킨다. 이때 DNA의 칩 구멍에서 결합이 일어난 곳은 정상적인 유전자 부위이고, 결합이 일어나지 않은 곳은 간염을 일으키는 비정상적 유전자 부위일 것이다. 즉 간염 환자의 경우 어떤 유전자에 이상이 생겨 병이 생겼는지 한눈에 알 수 있다는 의미다.

　DNA 칩은 말 그대로 인간의 유전 정보인 DNA를 컴퓨터의 반도체 칩처럼 우표 크기의 판 위에 심어놓은 장치다. DNA 칩은 기존의 분자생물학적 지식과 기계공학, 그리고 전자공학의 기술이 접목해 만들어졌다. 기계 자동화와 전자 제어 기술 등을 이용해 수백 개부터 수십만 개에 이르는 DNA를 아주 작은 공간에 집어넣을 수 있도록 만든 것이다.

돌연변이 검색에 효과

DNA 칩에 우리가 밝히고자 하는 검사 대상자의 혈액이나 조직 등에서 추출한 DNA 샘플을 반응시켜 그 결과를 컴퓨터로 처리한다. 샘플에 담긴 DNA를 한꺼번에 칩에 반응시켜 결과를 얻을 수 있기 때문에, 기존 방법으로는 며칠씩 걸리던 검사가 몇 시간 안에 끝난다.

SF 영화 〈가타카〉에서는 손가락 피 한 방울로 유전 정보가 순식간에 판독돼 신분증의 지문처럼 본인 여부를 식별하는 장면이 등장한다. DNA 칩은 이런 영화의 상상력을 현실에서 실현시킬 수 있는 기술이다.

어떤 이는 DNA 칩의 등장을 1970년대 초반 반도체 칩의 등장에 비유하기도 하는데, 실제로 반도체 혁명을 이끌었던 미국의 실리콘밸리에서 최근 가장 발전 속도가 빠른 기업들이 대부분 생명공학회사다. 이들 중 많은 회사가 DNA 칩의 개발에 열을 올리고 있다.

DNA 칩의 응용 가능성은 무궁무진하다. 그래서 개발한 사람도 사용하는 연구자도 DNA 칩이 어디까지 활용될지 확실히 가늠하지 못하고 있다. 그래서 반도체 칩이 이룩한 20세기 후반의 정보혁명을 이어받아 21세기 생명공학의 시대를 DNA 칩이 열어갈 것이라는 예견까지 나오고 있다.

DNA 칩에는 현미경 슬라이드 글라스와 같은 딱딱한 유리기판 위에 수많은 DNA 조각이 붙어 있다. 1994년 미국의 어피메트릭 사가 처음 만든 이후 최근까지 다양한 종류의 DNA 칩이 유수한 회사들에 의해 속속 개발되고 있다.

어피메트릭 사는 암세포의 발생을 억제하는 유전자인 p53과 에이즈 유전자의 DNA를 부착한 주로 진단용의 DNA 칩과 해석 장치를 판매하고 있다. 인사이트 사는 이미 알려진 1만 종류의 사람 유전자를 이용해 DNA 칩을 만들었으며, 이 칩으로 고객이 의뢰한 샘플을 해석해주는 서비스를 실시하고 있다. 최근에는 DNA 칩 제작 장치를 판매해 고객이 스스로 칩을 만들 수 있도록 상품화한 회사도 있다.

여기서는 어피메트릭 사의 연구 성과 사례를 살펴보자. 에이즈의 원인이 되는 HIV 바이러스는 스스로 끊임없이 돌연변이를 만드는데, 그 양상이 동일하지 않아 현재 60가지 이상의 돌연변이체가 발견되었다. 따라서 환자에게 일률적으로 동일한 치료법을 적용할 수 없다. 그런데 어피메트릭 사의 HIV용 DNA 칩은 환자들의 서로 다른 돌연변이를 어렵지 않게 검사해 각자에게 적절한 약물이나 치료법을 적용할 수 있게 해준다. 칩에서 나타난 반응 결과들을 비교해 보면 환자들간의 미세한 차이점을 알아낼 수 있기 때문이다. 칩을 이용한 검사는 기존의 최신 검사보다 열 배 이상 더 빠르다.

한편 암 억제 유전자인 p53의 돌연변이는 전체 암 유발에 절반 이상의 책임이 있다. 그런데 p53 유전자의 돌연변이는 무려 1,000가지 이상이다. HIV 돌연변이와 마찬가지로 DNA 칩은 p53 유전자의 독특한 돌연변이들을 검사해 적절한 치료법을 제시할 수 있다.

범인 용의자 확인에 사용

미국 국립보건원의 인간 게놈 연구소는 DNA 칩에 붙인 인간 게놈 정보를 이용해 침팬지나 고릴라 같은 유인원의 게놈을 분석하고 있다. 기존에 밝혀진 인간 유전자를 칩에 붙인 후 유인원의 게놈을 반응시키면 양자 간의 같은 종류와 다른 종류를 짧은 시간 안에 분석할 수 있다. 이 연구는 인간과 유인원의 차이를 유전자 수준에서 분석할 수 있게 해주고, 진화 과정과 고등 인식 기능의 발달 과정에 대한 유용한 정보를 제공해 줄 것으로 전망된다.

미국의 경우 조만간 모든 경찰차에서 DNA 칩으로 용의자를 확인하기로 결정했다고 한다. DNA 칩은 이처럼 질병의 검사와 치료 차원 외에도, 사람의 신원이나 친자 확인에도 사용될 것이다. 정상적인 사람들이라 해도 각자 조금씩 다른 DNA 구조를 가지고 있기 때문에 가능한 일이다.

>>> 유전자가 세상을 바꾼다

1 유전자 차별 시대의 개막

인간 게놈 프로젝트가 완성됐다고 해서 인간이 완벽한 생명의 설계
도를 얻는다고 생각하면 큰 오산이다. 우리는 단지 30억 개 염기의
서열을 알아낼 뿐이다. 하지만 이후 진행될 후속 프로그램들이 완
성되면 유전자의 구조 외에도 기능을 완전히 파악할 수 있을 것이
다. 과학자들은 최소한 21세기 안에 이 일이 실현될 것으로 예측하
고 있다.

하지만 게놈 연구의 완성은 일상 생활에서 적지 않은 불편함과
혼란을 파생시킬 것이다. 사람이 많이 안다고 해서 반드시 행복하
다고 할 수 없는 것과 같은 이치다.

궁합의 새로운 조건

현재 미국의 많은 보험 회사들은 인간 게놈 프로젝트의 결과에 촉각을 곤두세우고 있다. 고객의 현재 건강 상태는 보험료를 책정하는 데 중요한 요소다. 만일 개인의 유전 정보를 확보할 수 있다면 질병에 걸릴 가능성에 대해 훨씬 많이 알아낼 수 있다.

사실 인간의 유전 정보의 양은 컴퓨터에 저장할 경우 그리 많아 보이지 않는다. 컴퓨터 하드 드라이브에 저장할 경우 겨우 770MB 정도의 용량을 차지할 정도라고 한다. 데이터 압축 프로그램이 있다면 이보다 용량이 훨씬 적어질 것이다. 이 정보는 필요에 따라 CD에 저장되거나 인터넷 통신을 통해 세계 곳곳에 자유로이 보내질 수 있다. 개개인에 대한 모든 유전 정보가 누구에게도 쉽게 공개될 수 있다는 의미다.

2002년 10월 초 미국 보스턴에서는 세계의 게놈 전문가들이 모인 학술 대회가 열렸다. 그런데 이 대회의 구호가 흥미롭다. 바로 '1,000달러 게놈 시대를 향하여'다. 앞으로 10년 안에 누구라도 1,000달러만 내면 개인의 게놈을 해독해 CD 한 장에 담아주는 시대가 닥친다는 것이다. 과연 어떤 결과를 가져올까.

40대에 심장 질환으로 인한 돌연사를 유발하는 유전자가 발견됐다고 하자. 현재로서는 아무런 이상이 없는 건강한 20대의 경우 이 유전자를 보유했다는 이유로 보험료는 훨씬 높아진다. 예상 보상금이 커질수록 보험 회사는 고객의 유전자가 건강한지 여부에 관심을 가진다.

>>> 유전자가 세상을 바꾼다

실제로 미국의 일부 보험 회사는 임신한 피보험자들에게 태아의 유전자를 검사하도록 압력을 넣고 있다. 만일 선천적인 신체 장애의 위험이 클 경우 아이의 보험 혜택을 철회하겠다는 의도에서다.

개인의 유전 정보는 일자리를 구할 때도 중요하게 작용한다. 회사는 미래의 어느 시점에 환자가 될 사람들의 고용을 꺼린다. 하지만 이를 적절하게 통제할 방법이 현재로서는 없다. 일례로 미국의 장애자 보호법은 신체 장애자들을 고용 차별로부터 보호하고 있지만, 미래의 어느 시점에 장애가 될 위험에 놓여 있는 사람들에게는 적용되지 않고 있다. 이러한 차별은 노동자의 현재의 능력을 무시하고, 오히려 미래에 대한 의심스러운 예측에 판단을 맡기고 있다.

실제로 일부 기업에서는 산업 독성 물질과 같은 작업장 위해 요소에 좀더 민감하게 반응하는 노동자들을 선별하기 위해 유전자 검사를 행하고 있다. 문제는 고용주가 작업장 환경을 개선하는 일보다 노동자 유전자 검색에 더 많은 관심을 기울일 가능성이 있다는 점이다.

물론 미국 정부는 이런 유전자 차별에 대해 반대 입장을 표명하고 있다. 2000년 2월 8일 클린턴 미국 전 대통령은 유전병의 유무와 암에 걸릴 가능성을 간편하게 검사할 수 있는 유전자 진단의 결과를 연방 직원의 채용과 승진에 이용하는 유전자 차별을 금지하는 대통령령에 서명했다.

이 대통령령은 첫째 연방 직원의 채용과 수당 급여의 조건으로 유전자 테스트를 요구해서는 안 되며, 둘째 보호된 유전 정보를 이용해 연방 직원을 분별하고 그들의 승진 기회를 빼앗아서는 안 되며, 셋째 치료와 의학 연구에 사용되는 유전 정보의 프라이버시 보호를 강력하게 추진하는 등의 3개 항목이 골자이다. 대상은 현재 미국 연방정부 직원 280만여 명과 향후 신규 채용자다. 클린턴 대통령은 이런 유전 정보의 보호가 민간 기업에도 적용되기를 바란다고 말했다.

2001년 6월 부시 미국 대통령은 기업체나 보험 회사가 사람들의 유전자를 기준으로 고용이나 의료 보험 보상을 거부하지 못하도록 해야 한다고 제안했다. 부시 대통령은 과학의 발전으로 개인의 유전자 정보가 공개될 수 있게 됨으로써 유전적으로 특정 질병에 걸릴 경향이 있는 사람들에 대한 차별도 가능해질 수 있다고 말했다. 그는 "유전자 차별은 근로자 및 가족들에게 공정치 못한 일"이라며 이 같은 차별을 금지하기 위한 법안을 마련하기 위해 의회와 논의 중이라고 말했다.

1996년의 한 조사에 따르면 미국의 경우 유전병이 진행하고 있는 사람 중 15%가 채용 시험에서 유전병에 대한 질문을 받았다고 한다. 또 13%는 자신과 가족의 누군가가 유전병의 소인을 이유로 취직할 수 없거나 직위에서 해고된 경험을 가지고 있다고 대답했다.

만일 진취성이나 대인 관계와 같은 인간성마저 유전자 검사로 알아낼 수 있다면 어떨까. 현재 국내 일부 기업에서 사용하는 술자리 면접은 불필요해질 수밖에 없다.

배우자의 선택에서도 유전자가 중요한 검토 항목으로 떠오른다. 머리 좋고 튼튼한 배우자와 결혼하고 싶은 것은 모두의 소망이다. 그렇다면 학력과 건강진단서 대신 유전자의 질을 파악하고 상대를 선택하는 '유전자 궁합'의 시대가 펼쳐질지 모를 일이다.

신계급 사회의 도래

하지만 한편에서는 유전자 검사가 사람에 대해 불완전한 정보를 제공할 뿐이라는 비판이 계속 제기되고 있다. 무엇보다 나쁜 유전자를 가졌다고 해서 곧바로 병이 생긴다는 보장이 없다. 즉 제아무리 발암 유전자를 가진 사람이라도 살아 있는 동안 암이 발생할 확률이 100%라고 장담할 수 없다. 예를 들어 돌연변이 유전자(MSH2)를 가지고 있는 사람은 평생 대장암에 걸릴 확률이 80%라고 알려졌다. 여성의 경우 자궁내막암과 난소암의 위험이 증가한다고 한다. 또 다른 돌연변이 유전자(BRCA1)의 경우 이를 가진 여성은 평생 유방암에 걸릴 확률이 85%라고 한다.

그렇다면 나머지 15~20%의 확률은 어떻게 파악해야 하는가. 단지 이들이 발암 가능성을 가진 유전자를 보유했다는 이유로 보험료 책정이나 고용에서 차별돼야 하는가. 더욱이 사람이 병이 드는 이유는 유전자뿐 아니라 환경적 요인도 매우 크다. 같은 발암 유전자를 가졌다 해도 환경에 따라 발병하는 경우와 그렇지 않은 경우로 나뉠 수 있다는 말이다. 그러나 대세는 유전자 검사가 실행되는 방향으로 진행되고 있다.

지금까지의 시나리오는 게놈 연구가 완성됐을 때 살고 있는 사람들을 대상으로 구성된 것이다. 이들은 당연히 자신의 자식에 대해서는 이런 유전자 차별이 적용되지 않기를 바랄 것이다. 그런데 방법이 한 가지 있다. 우수한 유전자를 주입해 슈퍼맨을 만들어내는 일이다. 애초에 난치병 환자를 위해 개발된 유전자 치료술이 잘못 이용되면 유전적으로 월등한 '맞춤아기'를 탄생시킬 여지가 크다.

환자에게서 나쁜 유전자를 제거하고 정상 유전자를 삽입시키는 치료술이 세계 의학계에서 커다란 주목을 받고 있다. 1990년 미국에서 최초로 유전자 치료가 실시되었다. 유전자 결함으로 면역력이 약해진 4세의 여아에게 정상 유전자를 성공적으로 삽입시켰다. 유전자 치료는 인간 게놈 프로젝트의 성과를 활용해 21세기 최첨단 의학으로 우뚝 설 채비를 갖추고 있다.

하지만 아직은 마냥 낙관할 수만은 없는 실정이다. 2003년 1월 15일 미국 식품의약국(FDA)은 유전자 치료를 받던 환자가 백혈병에 걸리는 사건이 발생했다며 미국에서 진행 중인 27건의 유전자 치료를 전면 중단시켰다고 발표했다. 유전자 치료 중 백혈병이 발생하기는 2002년 9월에 이어 두 번째였다. 당시에는 세 건의 유전자 치료가 중단됐지만, 이번처럼 대규모로 유전자 치료가 전면 중단되기는 처음이다.

한편 유전자 치료의 대상은 사람 형체를 갖추지 않은 수정란 단계까지 거슬러 올라가고 있다. 아예 부모의 정자와 난자, 또는 초기 수정란에서 유전자를 검사해 아기가 병에 걸릴 싹을 제거하자는 의도다. 이 방법이 성공하면 대를 이어 집안을 괴롭혀온 가족의 병력은 사라진다. 수정란 단계에서 유전자 치료를 받은 경우 그 자손은 더 이상 질병 유전자를 전달받지 않는다.

하지만 문제가 있다. 정상 유전자 대신 좋은 유전자를 넣을 가능성이다. 자식이 누구보다 우수하기를 바라는 것이 부모의 마음이다. 이왕이면 높은 지능과 뛰어난 예술적 감성, 건강한 체력 그리고 준수한 외모를 갖춘 '맞춤아기'를 원하지 않을까.

현재의 기술로 이 일을 실현하려면 수백만 달러에 달하는 막대한 비용이 필요하다. 우수한 유전자를 갖춘 아기는 정부나 특정 기업, 또는 몇몇 부자에 의해 우선적으로 실현되기 쉽다는 의미다. 그렇다면 미래 사회에는 소수의 우성 인간과 다수의 열성 인간이 구분되는 새로운 계급 사회가 열릴지 모른다. 평범한 부모 밑에서 정상적으로 태어난 아이들은 당연히 열성으로 취급될지도 모른다.

부작용 가능성

물론 이 일이 실현되려면 과학 기술의 측면에서 수많은 장벽을 넘어서야 한다. 맞춤아기가 과학적으로 만들어지기 어렵다는 비판은 크게 두 가지 논조로 이뤄진다. 한 가지는 인간이 가진 에너지의 총량이 일정하다는 점을 중시한다. 지능을 매우 높게 만드는 유전자를 아기에게 주입했다고 치자. 그 아기는 자라나면서 뛰어난 머리를 제대로 발휘하기 위해 많은 에너지를 머리 쓰는 데 사용할 것이다. 그렇다면 신체 나머지 부분의 생리 기능을 작동시킬 에너지는 상대적으로 줄어든다. 몸의 어느 다른 부위에서 이상이 생길 수 있다는 의미다. 이런 상황에서 머리도 좋고, 몸도 튼튼하고, 예술적 감성도 뛰어나게 만드는 유전자를 모두 주입한다면, 그 기능들이 모두 제대로 발현될 리가 있겠는가.

맞춤아기의 실현 가능성에 대한 또 다른 비판은 같은 유전자라 해도 사람마다 똑같은 효과를 내기 어렵다는 점에 맞춰져 있다. 똑같은 감기약이라도 사람에 따라 반응이 달리 나타나는 것과 같은 이치다. 그런데 감기약에 유난히 민감한 체질이어서 심각한 부작용을 낳는 경우도 있다. 마찬가지로 우수한 유전자를 10명의 아기에게 주입했을 때 어떤 아기의 경우 우수해지기는커녕 예상치 못한 부작용이 생길 가능성이 있다는 의미다.

2 인간 유전자에 특허가 매겨진다

1998년 미국 정부는 인간 게놈 프로젝트를 당초 예정보다 2년 앞당긴 2003년에 끝내겠다고 선언했다. 또 2000년 2월 클린턴 대통령은 "두 달 안에 프로젝트를 완성시키겠다"고 장담했다. 이 발언들은 단지 과학 기술 수준이 그만큼 발달했다는 점을 알려주는 것이 아니다. 미국 정부가 서두른 이유는 일부 생명공학 회사들이 별도로 연구를 추진해 "정부보다 앞서 끝내겠다"고 호언장담한 것이 큰 자극이 되었다.

1998년 미국 정부에서 게놈 연구를 주도하던 크레이그 벤터 박사는 연구소를 뛰쳐나와 퍼킨 엘머 사와 함께 새로운 벤처 회사 '셀레라 제노믹스'를 설립하고, "3년 안에 인간 게놈의 염기 서열 규명을 완료하겠다"고 밝혔다. 미국 정부의 목표보다 4년이 빠른 것이다.

그러자 미국 정부는 곧바로 반격에 나서 2003년에 프로젝트를 끝내겠다고 말했다. 또 1999년 3월에는 미국 정부와 영국의 웰컴 사는 인간 게놈 연구 사업의 지원비를 대폭 늘려 2000년 3월까지 인간 게놈 전체 염기 서열의 90%를 규명할 것이라고 발표했다.

벤처 회사 셀레라 제노믹스는 왜 설립됐을까. 벤처 회사가 추구하는 일은 당연히 단기적으로 엄청난 이득을 보는 것이다. 바로 유전자를 먼저 발견하고 특허를 획득하는 게 목표다.

6,000여 개 유전자 특허 신청

서기 2050년, 한국의 어느 암 치료 전문 병원. 간암 환자의 가족과 의사가 심각한 표정으로 대화를 나누고 있다.

"환자의 질환은 비교적 초기 단계이기 때문에 현대 의학으로 고칠 수 있습니다. 환자의 간에 정상 유전자를 집어넣으면 암세포가 정상 세포로 바뀌게 되죠."

"그럼 빨리 치료를 시작해주시죠."

"문제는 비용입니다. 간 유전자를 사용하려면 별도의 비용을 지불해야 합니다. 지금까지의 전체 치료비에 맞먹는 값입니다."

"아니 인간의 유전자를 사용하는 데 무슨 돈이 든다는 거죠? 간 유전자가 부족한가요? 필요하시다면 제 간에서 세포를 하나 떼어내 그 속에 있는 유전자를 사용하시면 되지 않습니까?"

"문제가 그렇게 간단하지 않습니다. 간의 정상 유전자를 발견한 미국의 회사가 얼마 전 한국에서 특허를 받았습니다. 따라서 이제부터는 치료를 할 때 미국 회사에 유전자 사용료를 내야 합니다."

유전자 사용료. 일반인에게 무척 낯선 말이다. 인간의 유전자를 그 누구의 소유물이라고 말할 수 없는 것이 통념이다. 그런데 인간의 유전자를 이용해 질병을 치료할 때 별도의 돈을 내야 하는 시대가 다가오고 있다. 특정 유전자를 발견하는 데 쏟은 과학자들의 노력을 금전적으로 보상해줌으로써 후발 연구를 더욱 독려하기 위한 특허 제도가 만들어져 있기 때문이다. 현재 세계의 생명공학 기업들은 좀더 많은 인간의 유전자에 대해 특허를 얻으려고 신경을 곤두세우고 있다.

1999년 9월 28일, 일본 통산성 산하 기반기술연구촉진센터와 민간 기업 10개 사가 공동으로 설립한 헬릭스 연구소는 인간의 유전자 6,000여 개를 확보하고 이에 대한 특허를 신청해 화제를 모았다. 인간의 난소와 태반, 뇌 등의 세포에서 다양한 단백질을 만들어내는 유전자들이다. 여기서 '6,000여 개의 유전자'라는 말은 구체적으로 어떤 의미일까.

유전자의 주요 임무는 생물의 각종 생리 기능을 주도하는 단백질을 만들어내는 일이다. 단백질의 기본 단위는 아미노산이다. 인체의 경우 20종류의 아미노산이 독특한 배열과 구조를 갖춤으로써 수많은 종류의 단백질을 만들어낸다. 여기서 지칭하는 유전자는 바로 단백질 한 가지를 만들어내는 데 필요한 물질을 가리킨다. 즉 일반적으로 6,000여 개의 유전자란 6,000여 개의 단백질을 만들어낼 수 있는 물질이란 의미다. 현재까지 존재가 확인된 인체 유전자의 수는 대략 10만여 개로 추산되고 있다.

그렇다면 유전자에 대해 특허를 얻었다는 말은 무슨 의미일까.

김재만 변리사(유미특허법률사무소)는 "특허를 받았다는 개념은 마치 집과 같은 부동산을 소유하고 있는 것처럼 생각하면 간단하다"고 말한다. 어떤 과학자가 유방암을 일으키는 유전자를 발견하고 이에 대해 특허를 받았다고 가정하자. 병원에서 유방암 진단용으로 환자에게 돈을 받고 이 유전자를 사용할 때 병원측은 그 과학자에게 비용을 지불해야 한다. 이때 과학자는 부동산처럼 유전자 소유권을 병원측에 팔 수도 빌려줄 수도 있다.

특허권이 소멸하는 시기는 허가가 난 날로부터 20년 후다. 일단 개발에 성공하면 20년 동안 앉아서 막대한 이득을 얻을 수 있는 길이 열리는 셈이다. 세계의 유수한 생명공학 기업들이 특허를 얻기 위해 인간 유전자에 달려드는 이유가 여기에 있다.

하지만 일반인으로서는 고개가 갸웃거려지는 게 사실이다. 특허는 기존에 존재하지 않던 새로운 물질이나 기술을 발명하는 행위에 대해 주어진다. 그런데 인간의 유전자는 발명이 아니라 발견의 대상이다. 이미 존재하고 있는 유전자의 구조와 기능을 밝히는 일이 과연 특허의 보호를 받을 자격이 있을까.

현재의 추세를 살펴보면 대답은 분명히 '있다'이다. 유전자의 실체를 밝히는 일은 엄청난 비용과 노력이 따르기 때문에 그 노고를 인정하자는 게 현재 미국, 일본, 그리고 유럽연합 특허청의 기본 입장이다. 더욱이 기능이 완전히 밝혀지지 않은 유전자에 대해서도 특허가 주어지고 있는 게 현실이다.

미국 특허청이 던진 충격

1998년 10월 미국 특허청은 생명공학 벤처 기업인 인사이트 사가 신청한 인간 유전자에 대해 세계 최초로 허가 방침을 내렸다. 그런데 인사이트 사가 제출한 유전자의 수는 120만여 개였다. 인체의 유전자는 3～4만 개다. 그렇다면 120만이라는 숫자는 어떻게 나온 것일까.

인사이트 사는 유전자 조각을 특허 신청 대상으로 포함시켰다. 아미노산 10개가 사슬 형태로 이뤄진 단백질이 있다고 하자. 유전자 한 개는 아미노산 10개를 모두 포함한 단백질을 만들어낸다. 그런데 인사이트 사는 아미노산 각각을 만들어내는 유전자 조각들에 대해서도 특허를 신청한 것이다.

이 유전자 조각은 단백질의 일부를 만들어낸다는 점 외에는 별다른 특징이 없다. 각 조각이 모여 어떤 단백질을 만들어내는지도 불확실하다. 그런데 이 불완전한 유전자에 대해서 미국 특허청이 허가를 내린 것이다(120만여 개 가운데 일부에 대해서만 특허가 주어졌다).

생명공학 업계가 발칵 뒤집혔다. 가장 큰 반발은 미국 특허청의 판단이 생명공학의 연구를 막을 위험이 크다는 점에 맞춰졌다. 예를 들어 인체의 단백질 하나가 10개의 아미노산으로 구성됐다는 점이 밝혀지고, 이를 만드는 유전자 한 개가 발견되는 경우를 가정해 보자. 만일 10개 아미노산 가운데 한 개의 아미노산을 만드는 유전자 조각이 이미 특허를 받았다면 문제가 발생한다. 10개 아미노산

전체의 구조를 밝힌 과학자는 자신의 소유권을 불과 한 개 아미노산에 대해 특허를 받은 과학자와 나눠가져야 한다. 심지어 소유권 전체가 한 개 아미노산에 대해 특허를 받은 과학자에게 넘어갈 수도 있다. 특허를 신청할 때 '이 유전자 조각이 포함된 모든 유전자에 대해 소유 권한을 달라' 는 내용을 특허청에 요구할 수 있기 때문이다.

그렇다면 누가 이런 손해의 가능성을 무릅쓰고 인체 유전자의 구조와 기능을 밝히려고 나서겠는가. 유전자를 이용해 치료를 시도하고 있는 의약계 역시 유전자 조각에 일일이 사용료를 지불해야 한다는 점에서 거센 반대 의사를 표시했다.

최근 미국과 일본, 그리고 유럽연합은 이 불합리한 점을 개선하기 위해 몇 가지 타협안을 이끌어냈다. 핵심적인 사안은 특정 질병의 진단에 도움이 되는 경우 유전자 조각에 대한 특허를 인정하자는 내용이다. 예를 들어 유방암을 일으키는 유전자의 경우 일부의 조각은 특허 대상이다. 여성이 유방암에 걸렸는지 진단할 때 이 유전자 조각이 있는지 여부를 알면 진단이 가능하다. 이에 비해 사람의 정상적인 생리 기능을 만들어내는 유전자 조각은 특허 대상이 안 된다. 예를 들어 간이나 위의 기능을 정상적으로 조절하는 평범한 유전자 조각은 특허 제도의 보호를 받지 못한다는 의미다.

생명공학 회사들의 유전자 특허 움직임은 이후에도 경쟁적으로 계속되고 있다. 1999년 10월 28일 미국의 셀레라 제노믹스 사는 최근 1개월 간 사람의 유전자에 관한 특허 약 6만 5,000건을 미국 특허청에 출원했다고 밝혔다. 셀레라는 유전자 배열과 그 기능에 관한 정보를 가출원 형태로 특허청에 제출했다. 가출원된 특허는 더욱 연구를 진행해 이용 가치가 높은 것을 선발하여 1년 이내에 정식 출원할 수 있다. 당시 셀레라는 사람의 염기 30억 개 중 12억 개의 해독을 끝냈다.

이 회사는 이미 유전자 특허를 이용하고 싶은 회사를 모집하고 나섰다. 가출원 형태로 대규모의 유전 정보에 대해 미리 '그물'을 친 탓에 제약 회사들은 바짝 긴장할 수밖에 없다.

미국 특허청에 따르면 2000년 미국에서만 3만여 건의 유전자 관련 특허가 신청됐다. 1999년 신청건수보다 15% 증가한 수준이다. 그중 특허가 부여된 것은 1,000건의 인간 유전자 특허를 포함한 6,000건 정도다.

2001년 1월 5일 미국 특허청은 「유전자 특허 지침」을 통해 인간 게놈 전체에 대한 특허는 금지된다는 점을 명시했다. 전체 게놈은 인간의 손으로 만든 것이 아니라 자연의 산물이며 실제적인 효용성도 입증되지 않기 때문이다. 이것을 바꿔 얘기하면 유전자의 효용성이나 상업적 가치가 충분하다고 판단되면 얼마든지 특허를 내주겠다는 공식적인 의지의 표현인 셈이다.

생명 소유 어디까지 갈 것인가

인간의 유전자에 대해 특허를 부여하는 일은 더 이상 남의 일이 아니다. 만일 미국의 벤처 기업이 한국에서 이들에 대한 특허를 신청한다면 이를 거부할 아무런 방법이 없다. 한국 역시 선진국과 비슷한 내용을 담은 생명 특허 제도가 존재하기 때문이다. 생명공학 기술 수준이 뛰어난 선진국에서 인간 유전자에 대해 국내에서 특허를 획득할 경우 한국 생명공학계나 국민에게 적지 않은 경제적 타격을 입힐 가능성이 있다.

물론 모든 특허가 돈으로 연결되는 것은 아니다. 특허를 받은 1,000명 가운데 한 명 정도가 돈을 버는 데 성공한다는 게 관련 전문가들의 중평이다. 하지만 확실한 것은 한 가지 있다. 현재까지 추세를 볼 때 앞으로 인간 신체의 어느 범위까지 특허의 대상이 될지에 대해 아무도 장담할 수 없다는 점이다. 앞으로 누군가 인간 유전자 3~4만 개 모두에 대해 특허를 따낼지도 모른다. 세포 수준을 넘어 내장 기관까지 특허의 대상이 될 것이라면 과연 지나친 상상일까. 인류의 공동선을 실현하기 위해 시작된 프로젝트가 오히려 선진국의 일부 기업들에게 큰 이익을 제공하는 결과를 낳는 모습이다. 특허 제도가 어느 정도까지 생명에 대한 소유를 보장하는 게 타당할지 진지하게 따져봐야 한다.

생물 특허 전성 시대 임박

인간과 관련된 특허의 대상은 유전자 수준을 넘어 세포에까지 확산되고 있다. 1993년 미국 국립보건원은 인간의 세포와 관련된 다소 생소한 특허를 신청했다. 특허의 대상은 바이러스다. 파나마의 구아이미족 인디언 출신인 26세 여성의 세포에서 추출한 독특한 종류다. 어떤 이유 때문인지 모르지만 이 바이러스는 인체에서 항체가 잘 생산되도록 만드는 능력을 지녔다. 면역력을 강화시키는 천연의 약제가 발견된 셈이다. 국립보건원은 이 바이러스를 에이즈와 백혈병 연구에 이용할 수 있을 것이라 생각했다.

   문제는 국립보건원이 이 바이러스에 대한 소유권을 얻기 위해 특허를 신청했다는 사실이다. 파나마 구아이미족 의회의 의원들은 즉각 미국에 대해 공개적으로 항의했다. 부족의 '유전자 프라이버시'를 무참히 짓밟았을 뿐 아니라 이것을 이용해 세계 시장에서 이익을 취하려 한 행위를 도저히 용서할 수 없었다. 거센 저항에 부딪힌 국립보건원은 특허 신청을 철회해야 했다.

탯줄 소유권 논쟁

그러나 몇 달 후 미국 정부는 솔로몬군도와 파푸아뉴기니 출신 시민에게 얻어낸 비슷한 능력을 가진 바이러스에 대해 미국과 유럽에 특허를 신청했다. 1995년 3월 미국 특허청은 파푸아뉴기니 사람으로부터 추출된 바이러스에 대해 특허를 승인했다. 그러자 남태평양 군도 연방은 자신들의 주권이 미치는 공간을 '특허로부터 자유로운 지역'으로 선포하고 미국에 대해 강력하게 항의했고, 1996년 미국 정부는 특허권을 포기했다.

   하지만 많은 논란에도 인체의 세포와 관련된 특허는 이미 존재하고 있고 앞으로 계속 늘어날 전망이다. 1980년대 중반 미국 캘리포니아 주에 거주하던 기업인 존 무어는 자기도 모르는 사이 신체의 일부가 특허를 받았다는 사실을 알고 경악했다. 그는 한때 희귀한 암에 걸렸다는 진단을 받고 캘리포니아대학 병원에서 치료를 받은 적이 있었다. 당시 그를 치료하던 의사는 무어의 비장(脾臟)에서 흥미로운 사실을 발견했다. 백혈구 생성을 촉진하는 단백질이 그곳에서 만들어지고 있는 것이다. 의사는 산도스라는 제약 회사와 함께 이 비장 세포를 대량으로 배양하는 기술을 개발하고는 1984년 이 '발명'에 대해 특허를 얻었다. 30억 달러 이상의 돈을 벌 수 있는 기술이었다. 물론 무어에게는 이 사실을 알리지 않았다. 뒤늦게 상황을 파악한 무어는 소송을 제기하고 나섰지만, 1990년 캘리포니아주 대법원은 무어가 자신의 신체 조직에 대한 소유권이 '없다'고 판결을 내렸다. 대신 발명가가 무어에게 자신의 조직을 상업화시킬 가능성을 알리지 않았으므로 어느 정도 금전적으로 배상하라고 요구했을 뿐이다. 대법원은 희귀 세포를 '배양하는 기술'이 독창적이라면 그것이 누구의 세포인지는 상관없이 특허를 받을 만하다고 인정해준 셈이다.

특허를 받는 신체 부분은 질병에 걸린 부위에 한정되지 않는다. 지난 1993년 미국 바이오사이트 사는 갓 태어난 아기의 탯줄에서 나오는 모든 혈액 세포에 대한 소유권을 미국 특허청으로부터 얻어냈다(1996년에는 유럽 11개국에서 특허를 획득했다). 탯줄 혈액에는 백혈구나 적혈구로 분화되기 이전 단계인 조혈모세포가 듬뿍 함유돼 있어 백혈병을 비롯한 각종 질병 치료에 이용될 전망이 높다. 그렇다면 앞으로 치료 목적으로 탯줄 혈액을 사용할 경우 누구의 것이든 상관 없이 바이오사이트 사에게 돈을 지불해야 한다.

어떤 이유 때문에 이 회사에게 막대한 권한이 주어진 것일까.

바이오사이트 사는 단지 혈액을 급속하게 냉동시킬 수 있는 기술을 개발했을 뿐이다. 그런데 특허를 신청할 때 다른 사람이 함부로 탯줄 혈액을 사용하지 못하게 제지할 권리까지 요구했으며, 특허청이 이것을 받아들인 것이다. 일개 회사가 수많은 태아의 탯줄 혈액에 대한 소유권을 가지는 것이 과연 납득할 만한 상황인가. 미국과 영국, 프랑스에서는 최근까지 재심사를 해야 한다는 목소리가 높아지고 있지만 어떤 결과가 나올지는 알 수 없다[제레미 리프킨의 『바이오테크 시대』(민음사, 1999)].

최초의 특허 동물 하버드 마우스

특허의 대상은 살아 있는 동물도 예외가 아니다. 일반인에게 다소 생소하게 들릴지 모르지만 이미 10여 년 전부터 세계적으로 진행되고 있는 일이다.

1988년 미국에서 최초의 특허 동물 '하버드 마우스'가 탄생했다. 하버드 대학교의 레더 박사팀이 만든 생쥐로, 암세포의 증식이 쉽게 일어나도록 유전자를 변형시켰다. 인간의 암 발병에 대한 연구를 진행시키기 위해 특별히 만들어진 '질환 모델' 동물이다. 최근 미국의 생명공학 벤처 기업들은 이처럼 특정 용도로 사용될 수 있는 생쥐를 만드는 일에 눈독을 들이고 있다. 잘만 하면 생쥐 한 마리로 수억 달러를 금세 벌어들일 수 있기 때문이다.

현재까지 특허를 얻은 동물은 주로 생쥐다. 하지만 돼지, 소, 양 등을 포함한 200여 종 이상의 동물들이 미국에서 특허를 신청해

놓은 상태이기 때문에 조만간 '특허 돼지'나 '특허 송아지'가 언론 매체에 등장할 전망이다.

2000년 1월 최초의 복제 동물인 돌리를 탄생시킨 윌머트 박사 팀은 관련 기술 2건에 대해 영국 특허청에서 특허를 받았다. 조만간 이 기술은 미국에서도 특허를 받을 예정이며, 현재 한국에서도 특허가 출원 중이라고 알려졌다(황우석 교수 역시 자신의 복제 기술을 특허 출원 중이라는 기사가 보도됐다).

한국의 경우 1998년 3월부터 동물 특허가 인정되기 시작했다. 기존에는 '생명 창조는 신만이 할 수 있다'는 관념에 따라 동물 특허를 인정하지 않았지만, 외국에서 앞다투어 동물 특허가 발생하는 조류에 발맞추기 위해 제도를 도입했다. 동물 특허가 가능한 국가는 1998년 현재 미국, 일본, 오스트레일리아, 헝가리, 남아프리카공화국 등 5개 국가이며, 등록된 특허 건수는 미국이 82건, 일본이 13건이다. 현재까지 국내에서 특허를 신청한 경우는 10여 건 내외로 알려졌으며, 조만간 국내 동물 특허 1호가 탄생할 것으로 예상된다.

식물에 대한 특허 역시 활발히 이뤄지고 있다. 1993년 인도 미생물학자 채토패드헤이는 인도의 동해 앤더만 군도에서 말라리아 병을 치료할 수 있는 획기적인 식물을 발견했다. 그는 그 군도에 사는 온지(Onge, 완전한 인간이란 뜻) 부족을 방문하려 열대우림 지역을 탐험하고 있었다. 그런데 그는 부족 주민들이 말라리아를 옮기는 주범인 모기들 속에서 생활하면서도 아무도 병에 걸리지 않았다는 흥미로운 사실을 발견했다.

비책은 그 지역의 독특한 자생 식물을 재료로 만든 차(茶)에 있었다. 주민들은 이 차를 비밀리에 만들어 마시고 있었다. 채토패드헤이는 차의 원료인 3가지 식물 샘플을 가지고 돌아와 약효를 테스트했다. 그러자 놀라운 사실이 밝혀졌다. 2가지 식물에는 열을 내리는 성분이 발견되었고, 나머지 1가지는 말라리아 감염 환자의 혈액에서 많은 수의 말라리아 기생충을 감소시키는 능력을 가졌다. 실제로 그 자신이 정글을 탐험하다 말라리아 병에 걸렸을 때 이 차를 마시자 3일 만에 열이 가라앉는 효험이 나타났다. 다른 환자들에게도 비슷한 효과가 발휘됐다. 말라리아 병은 아프리카, 아시아, 그리고 라틴아메리카 등지에서 매년 200만 명 이상을 사망시키는 무시무시한 병이다. 만일 이 물질의 정체를 알아내 유전자와 단백질의 구조를 파악할 수 있다면 비슷한 약물을 대량으로 만들어내는 일은 어렵지 않다. 수억 달러 이상의 돈을 단번에 벌어들일 만한 가치가 있는 물질이다.

열대우림은 특허의 노다지

채토패드헤이는 처음에 자신이 돈과 명성을 쥐게 되었다고 무척 기뻐했다. 이 약물에 특허를 내면 쉽게 달성될 수 있는 일이었다. 그는 로열티의 일부가 온지 부족을 보호하는 데 사용돼야 한다는 생각도 가졌다. 당시 부족원은 100명 정도에 불과했기 때문이다. 그러나 이 일은 실현되지 않았다. 채토패드헤이가 이 식물의 정체를 공개하지 않았기 때문이다. 왜 그랬을까.

그는 자신의 상관이 약물질에 대한 특허를 상관의 이름으로 내려고 한다는 것을 알아차렸다. 그래서 상관이 식물 이름을 물었을 때 채토패드헤이는 이것을 알려주지 않았다. 어마어마한 돈방석에 앉을 수 있는 기회를 상관에게 넘겨주고 싶지 않았기 때문이다. 최근 들어 비교적 생태계 보존이 잘 이루어지고 식물상이 풍부한 제3세계에서 유용한 약물을 얻어내고 그 유전자에 대한 특허를 신청하려는 일이 급속히 늘고 있다. 다른 나라의 영토에서 유용한 유전자를 마음대로 소유하고 이익을 보려 한다는 면에서 '유전자 해적질(gene piracy)'이라는 악명이 붙어 있다. 물론 그 주역은 선진국의 일부 생명 공학 관계자들이다. 이들이 관심을 집중시키는 곳은 단연 열대우림지역이다. 세계의 동물과 식물이 가장 많이 밀집한 지역이기 때문이다. 현재까지 약효 테스트를 받은 식물은 전체 식물의 1%에도 못 미친다. 이런 상황에서 열대우림지역은 그야말로 특허의 노다지인 셈이다.

3 클린턴의 '인간 게놈 무상 공개' 발언의 의미

인간 게놈 프로젝트의 성과물에 대한 소유권을 둘러싸고 미국 정부와 기업의 입장이 첨예하게 대립한 적이 있다. 2000년 3월 15일 미국 클린턴 대통령과 영국 블레어 수상은 "프로젝트의 결과물인 인간의 유전 정보를 모든 과학자들이 자유롭게 이용할 수 있어야 한다"고 밝혔다. 미국 정부는 프로젝트가 시작되던 1990년부터 유전 정보를 무료로 공개할 계획이었다. 이 정보는 그 누구의 소유물이 아닌 인류 공동의 자산이기 때문이다.

그러나 생명공학 회사의 입장은 다르다. 정부와는 별도로 프로젝트를 진행시켜온 세계의 유수한 생명공학 회사들은, 일반적인 정보는 인터넷을 통해 무료로 공개하되 상세한 내용은 제약 회사와 대학 연구 기관들에게 돈을 받고 팔 계획이다.

30억 개 염기 서열 자체는 무용지물

클린턴과 블레어의 발표가 나온 후 미국 생명공학 회사의 주식 가격은 폭락했다. 투자가들의 입장에서 볼 때 회사가 독점하던 유전 정보가 일반에게 공개되면 그만큼 회사의 상품 가치가 떨어지기 때문이다. 셀레라나 인사이트와 같은 대표적인 생명공학 회사들이 무상공개 요구에 대해 '불만족스럽다'고 입장을 밝힌 것은 어쩌면 당연한 일인지도 모른다.

이에 비해 한국의 일부 언론에서는 "양국 지도자의 발언이 우리 생명공학 회사에게는 득이 되지 않겠느냐"며 낙관적인 반응을 보였다. 인간 게놈 프로젝트의 자료가 모두 공개되면 우리는 공짜로 그 정보를 마음껏 사용하는 어부지리를 얻을 수 있다는 생각이다. 하지만 과연 그럴까.

인간 게놈 프로젝트는 단지 인체 설계도의 초안을 작성하는 데 불과하다. 인간의 유전자에 존재하는 30억 개 염기 서열을 밝히는 작업일 뿐이다. 즉 아데닌(A), 구아닌(G), 시토신(C), 티민(T)의 4가지 염기가 어떤 순서로 배열돼 있는지에 대한 자료다.

이 기초 자료가 진정한 가치를 발휘하려면 염기 서열에 따라 어떤 단백질이 만들어지는지를 밝혀야 한다. 혈당을 조절하는 호르몬 인슐린, 적혈구에서 산소를 운반하는 주체인 헤모글로빈 등 인체의 온갖 생리 현상을 조절하는 주역이 바로 단백질이다.

현재까지 알려진 인체의 단백질은 10만여 개다. 30억 개의 염기 가운데 10만여 개의 단백질을 만드는 부위(유전자)는 불과 전체의 2%에 해당한다. 비록 규모는 작지만 인체 생리 현상의 원리를 이해하는 데 알짜 정보다. 특히 암과 같은 난치병이 발생했을 때 어떤 유전자에 이상이 생긴 것인지 밝히는 경우 결정적으로 중요한 단서를 제공한다. 정상 유전자와 발병 유전자의 염기 서열을 비교해 차이점을 알아내면 병이 발생하는 원리를 알 수 있기 때문이다. 이 연구 결과를 이용해 효과적인 치료 방법을 찾아낼 수 있음은 물론이다.

현재 유전자의 구조, 즉 단백질을 만드는 염기 서열이 밝혀진 것은 9,000여 개에 불과하다. 나머지 9만 개가 넘는 유전자의 구조를 규명하는 일은 인간 게놈 프로젝트와는 별도의 새로운 연구 과제로 남아 있다.

미국의 생명공학 회사들은 바로 3~4만 개 유전자의 구조와 기능을 밝히고 그 결과를 특허로 신청하는 일에 혈안이다. 30억 개 염기 서열 전체를 단순히 나열한 정보보다 훨씬 값진 자료이기 때문이다. 제약 회사나 병원의 연구소에서 이 정보에 커다란 관심을 기울이는 것은 당연하다. 유전자 정보에 대한 특허를 취득하고, 이 고객들을 대상으로 정보 사용료를 받으면 막대한 이득을 얻을 수 있기 때문이다.

그런데 클린턴과 블레어가 무상 공개를 요구한 대상은 30억 염기 전체의 서열이다. 당연히 그 자체로는 당장 써먹을 수 없는 기초 자료일 뿐이다. 이 원석을 다이아몬드와 같은 비싼 보석으로 가공하려면 고도의 전산 분석 시스템을 활용할 수 있는 막대한 인력과 컴퓨터 장비가 필요하다. 미국을 비롯한 일부 선진국에서나 가능한 일이다. 한국을 포함해 게놈에 대한 연구 경험이 미진한 대부분 국가의 과학자에게 제아무리 자료가 무상으로 제공된다 해도 이를 제대로 활용하지 못하는 탓에 선진국의 연구 속도를 따라잡을 수 없다. 두 지도자의 선언은 어찌 보면 눈 가리고 아웅하는 식이지 않을까.

유전자 특허 여전히 인정

더욱이 클린턴과 블레어는 '유전자 정보를 이용한 발명품에 대해서는 여전히 특허를 낼 수 있다'고 강조했다. 최근 생명공학 회사들의 특허 신청 추세에 대해 인정한다는 입장을 취한 것이다. 그렇다면 앞으로 3~4만 개 유전자의 정보가 밝혀지고, 그 상당 부분에 대한 특허권이 선진국 기업에 부여될 날이 멀지 않았다. 한국의 경우 난치병의 메커니즘을 밝히고 치료책을 찾는 유전자 차원의 연구가 진행될 때 일일이 특허료를 물어야 할 상황이 눈앞에 닥치고 있는 것이다.

2000년 2월 29일 클린턴은 "두 달 안에 인간 게놈 프로젝트를 완성시키겠다"고 장담해 세상을 놀라게 했다. 이전에 미국 정부가 공식적으로 발표한 완료 시점인 2003년보다 무려 3년이나 시기가 앞당겨졌기 때문이다. 하지만 중요한 것은 언제 끝나느냐가 아니라 누가 어떻게 활용하느냐의 문제다. 생명의 알짜 설계도가 일부 선진국에 의해 독점된다면, 인간 게놈 프로젝트에서 파생되는 혜택이 일반인에게 골고루 전달되기 어려울 것이기 때문이다.

4 다국적팀과 셀레라의 팽팽한 신경전

인간 게놈 프로젝트의 완성을 두고 치열한 속도전을 벌이던 라이벌인 인간게놈지도작성팀(다국적팀)과 셀레라 제노믹스 사가 한자리에 모여 연구 결과를 발표했다. 2001년 2월 12일 미국을 중심으로 한 다국적팀과 미국 생명공학회사 셀레라는 워싱턴과 런던, 파리 등에서 일제히 공동 기자회견을 갖고 마침내 인간 게놈 프로젝트가 완성됐음을 세상에 알렸다.

그런데 이들은 연구 결과를 각각 다른 과학지에 게재했다. 다국적팀은 영국의 15일《네이처》에, 셀레라는 미국의 16일《사이언스》에 연구 논문을 기고했다.

아무리 연구 주체가 다르다 해도 동일한 주제에 대한 연구 결과가 같은 시기에 다른 과학지에 게재되는 일은 드물다. 현재 많은 과학자들은 인간 게놈에 대한 후속 연구를 수행할 때 과연 어떤 논문을 '원전'으로 삼아야 할지에 대한 새로운 고민에 빠졌다.《네이처》

와 《사이언스》는 세계적으로 권위를 인정받는 과학 전문지의 양대 산맥이기 때문에 어느 하나를 무시할 수 없는 것이 현실이다.

또 다국적팀과 셀레라는 기자 회견에서 인간 게놈 지도의 99%를 완성했다고 밝혔다. 그 자체로 분명 대단한 업적이지만 100% 완성되지 않은 연구 결과가 과학 전문지에 게재됐다는 점은 다소 의아스럽다. 한편에서는 남아 있는 1% 게놈의 정체를 밝히기 위해서는 앞으로 10년은 걸릴 것으로 예상한다. 그만큼 생명의 신비를 푸는 일이 만만치 않은 작업임을 시사한다. 그렇다면 10년 후를 기다려서라도 100% 완성된 완벽한 인간 게놈 프로젝트의 결과물이 과학지에 실려야 하는 것이 아닐까. 다국적팀과 셀레라는 왜 이렇듯 서둘러 경쟁하듯이 연구 결과를 발표했을까.

클린턴이 중재한 화해의 자리

다국적팀과 셀레라의 경쟁은 단지 '자존심 대결' 때문에 벌어진 것이 아니다. 다국적팀은 프로젝트가 완료되는 대로 그 데이터를 무료로 이용할 수 있게 할 계획이다. 유전자에 관한 정보는 그 누구의 소유물이 아닌 인류 공동의 자산이기 때문이다.

그러나 셀레라의 입장은 다르다. 셀레라는 일반적인 정보는 인터넷을 통해 무료로 공개하되 상세한 정보는 제약 회사와 대학 연구 기관들에 돈을 받고 팔 계획이다. 자신들이 발견한 유전자에 특허권을 얻음으로써 가능한 일이다. 그런데 2000년 2월 빌 클린턴 미국 전 대통령은 '앞으로 두 달 이내에 내 인생에서 가장 영광스러운 발표를 하게 될 것'이라고 예고했다. 바로 인간 게놈 프로젝트의 완성이었다. 그 발언의 결과는 6월 26일 미국 백악관에서 다국적팀의 책임자 콜린스 박사와 셀레라 대표 벤터 박사가 사이좋게 악수하며 인간 게놈 프로젝트 초안을 발표하는 장면으로 나타났다. 하지만 당시 세상에 공개된 정보는 전체 게놈의 90% 정도에 불과한 27억 개의 염기 서열이었다.

학문적인 앙숙이었던 다국적팀과 셀레라가 어떻게 화해할 수 있었을까. 당시 클린턴 전 대통령은 자신의 임기 내에 인간 게놈 프로젝트를 끝냈다는 평가를 받고 싶어 셀레라 측을 설득했다는 후문이다. 대외적으로 미국과 민주당의 이미지를 고양시킨다는 목적에서 볼 때 프로젝트의 완료 주체가 정부든 벤처사든 크게 중요치 않을 수 있다는 의미다.

당시 다국적팀과 셀레라는 최종 논문을 동시에 발표하기로 약속했다. 즉 셀레라는 사이언스에 논문을 보내기로 했으며, 다국적팀은 핵심 논문을 사이언스에, 그리고 더 축약된 논문들은 네이처에 보내기로 합의했다.

학술지에 논문을 게재한다는 말은 누구나 자유롭게 자료를 이용할 수 있도록 공개한다는 의미다. 그렇다면 셀레라는 민간 기업의 '본분'을 망각하고 자신의 연구 결과를 공개하기로 마음을 바꾼 것이었을까.

그렇지 않다. 2000년 12월 셀레라는 사이언스와 조건부 게놈 정보 공개 협정을 맺었다. 당시까지 사이언스는 게놈에 대한 논문을 게재하는 동시에 자세한 DNA 염기 서열을 미국 국립생명공학정보센터의 유전자은행(GenBank)에 등록해 일반인들이 자유롭게 이용할 수 있도록 했다. 그러나 셀레라는 사이언스에 인간 게놈에 대한 논문을 게재하면서 자세한 게놈 정보는 자사의 웹사이트에서 찾아보도록 한 것이다.

실제로 현재 셀레라는 대학과 연구기관의 경우 100만 개 염기까지는 연구 목적으로 데이터를 자유롭게 이용토록 했으나, 그 이상의 연구 목적 데이터 이용과 기업의 데이터 이용은 비영리 목적이라는 각서를 제출토록 했다. 순수 학문적인 연구를 목적으로 한 연구에 대해서는 정보를 무료로 사용할 수 있지만, 기업의 경우 상업적 목적으로 자료를 받을 때 비싼 정보료를 지불해야 한다는 뜻이다. 셀레라와 사이언스의 협정에 대해 다국적팀은 무척 흥분했다. 하지만 별다른 저지 방법이 없었다. 단지 자신의 연구논문을 사이언스의 경쟁지인 네이처에만 보내기로 결정하는 일이 최선이었다. 지난 2월 15일과 16일 네이처와 사이언스의 논문 발표는 이런 '신경전'의 분위기 아래에서 이뤄진 일이었다. 2월 12일의 공동 기자회견에서도 다국적팀과 셀레라는 발표 시간을 서로 길게 갖겠다고 승강이를 벌였다고 전해진다.

유전자 특허 새로운 과제로 부각

문제는 이들의 자존심 싸움과는 별도로 네이처와 사이언스의 연구논문은 과학자들에게 적지 않은 과제를 남겼다는 점이다. 한국생명공학연구원 책임연구원 이대실 박사는 "두 논문을 제대로 비교해 평가하기에는 많은 시간이 필요하겠지만 약간씩의 차이가 있다는 점은 확실하다"고 말한다. 예를 들어 양 논문을 비교해보면 염기 서열 데이터의 0.14%가 서로 다르게 나타났다. 전체 염기를 30억 개로 볼 때 420만 개의 염기 서열이 다르다는 의미다. 이대실 박사는 "얼핏 생각하면 별 차이가 없다고 볼 수도 있지만 단백질을 만들어 내는 유전자 부위의 염기가 전체의 1.1%에 집약돼 있다는 점을 생각해보면 결코 무시할 수 없는 차이"라며 "이런 상황에서 다국적팀과 셀레라가 100%가 아닌 99%의 데이터를 학술지에 발표한 것은 성급했다"고 말했다. 어찌 보면 이번 발표 내용은 '완성본'이라기보다 2000년 작성된 90% 유전자 지도와 다름없는 '초안'이라고 표현하는 것이 정확할는지 모른다.

한편 이번 발표는 인간 유전자에 대한 특허를 급속도로 확산시킬 것이라는 또 다른 우려를 낳고 있다. 셀레라처럼 유료의 형태든 다국적팀처럼 무상의 형태든 인간 게놈의 99% 정보가 이제 공식적으로 세상에 공개됐기 때문이다. 선진국의 첨단 생명공학 회사들이 서둘러 인간의 유전자에 특허권을 얻을 때를 대비해 어떤 대책을 마련해야 하는지가 세계적으로 고민해야 할 과제로 남는다.

5 희망과 공포의 갈림길에 선 인간

인간 게놈의 연구 성과는 우리에게 희망과 공포, 두 가지 얼굴로 다가오고 있다. 잘못 사용하면 인류에게 도리어 좋지 못한 영향을 미칠 수 있다. 이 사실은 프로젝트에 참여한 과학자들도 이미 인식하고 있었다.

DNA의 이중 나선 구조를 발견한 제임스 왓슨은 1988년 인간 게놈 프로젝트의 총책임자로 임명됐다. 그는 탁월한 조직력과 지도력을 발휘해 인간 게놈 프로젝트를 본격적인 궤도에 올렸다.

유전자 특허는 '완전히 미친 짓'

하지만 왓슨은 활동 초창기부터 인간 게놈 프로젝트의 부정적 영향을 크게 우려했다. 그는 당시 기자 회견에서 "이 프로젝트 연구비의 일정 부분을 유전자 연구가 사회에 미칠 영향 연구에 할애하겠다"고 밝혔다. 그 결과물이 미국 에너지부와 국립보건원이 지원하는 윤리적 · 법적 · 사회적 관계(ELSI) 프로그램이다. 말 그대로 인간 게놈 프로젝트가 초래할 부정적인 문제를 다루는 연구다. 왓슨은 유전자에 특허가 매겨지는 것이 "완전히 미친 짓"이라고 혹평하기도 했다.

왓슨의 후임자인 프랜시스 콜린스는 ELSI 프로그램을 "인류 역사상 생물윤리학에 대한 가장 큰 투자"라고 말했다. 1990년부터 6년 동안 투여된 예산은 4,000만 달러에 달한다. 이 프로그램은 사회학, 법학, 그리고 자연과학 연구의 혼합 형태로 독특하게 운영됐으며, 유럽과 일본도 이를 따라 비슷한 프로그램을 만들었다. 1996년 현재 ELSI 프로그램은 미국 국립보건원의 인간 게놈 프로젝트 예산의 5%, 에너지부 예산의 3%를 사용한다.

1997년 11월 11일 파리에서 열린 유네스코 제29차 총회에서는 '인간 게놈과 인권에 대한 보편 선언'이 196개 회원국 전원의 찬성으로 채택되었다. 이 선언문에는 '유전 연구가 인간의 존엄성과 인권보다 우선할 수 없다'고 명시되어 있다.

지난 10여 년 간 유전공학이 야기하는 사회적 파장을 분석해온 미국의 '책임 있는 유전학을 위한 회의(Council for Responsible Genetics)'는 좀더 근본적인 문제를 제기한다. 인간 게놈 프로젝트가 유전자의 중요성을 과도하게 강조하고 있다는 것이다. 다음은 그 내용을 요약한 것이다. 과학자들은 각 유전자의 염기 조성을 확인하기만 하면, 그 기능을 결정할 수 있을 것으로 기대하고 있다. 이들은 인간 게놈 프로젝트가 우리의 과학적 지식을 향상시킴으로써 많은 질병들을 치유할 수 있게 해줄 것이라 주장한다.

하지만 게놈 연구가 우리의 진단 능력을 향상시켜 주는 것은 확실하지만, 치유의 약속은 오도되고 과장된 것이다. 이 연구의 대부분은 유전자는 유기체가 발전하고 기능하는 방식을 '통제하는 청사진'이라는 그릇된 가정에서 출발한다. 이러한 환원주의적 시각에 따르면, 유전자의 배열과 조성은 인간의 생리와 행위를 결정하며, 결국 인간은 유전자로부터 판독된 정보보다 약간 더 많은 그 무엇일 뿐이다. 그러나 유전자는 단순히 단백질의 아미노산 배열을 명기하고 있을 뿐이다. 유기체 내 유전자의 온전한 배열이 우리에게 말해줄 수 있는 것은 기껏해야 그 유기체가 만들어낼 수 있는 단백질이 무엇이냐 하는 것이다. 이 요소들의 목록은 그들이 서로, 그리고 환경과 어떻게 상호 작용할 것인지를 우리에게 말해주지 못한다.

지켜야 할 유전자 프라이버시

'책임 있는 유전학을 위한 회의'는 모든 사람이 유전자 프라이버시 (genetic privacy)에 대한 권리를 가져야 한다고 주장한다. 유전자에 의한 차별이 발생하고 있는 현실은 유전자 프라이버시 보호의 필요성을 그 어느 때보다 중요하게 제기하고 있다는 것이다. 고용주와 보험 회사들이 노동자와 고객들을 유전자 정보에 기초해서 분류하는 한, 유전자 검사를 행하는 모든 사람들은 차별의 위협에 놓이게 된다. 이 차별에 대항하기 위해 유전자 기록의 프라이버시는 지켜져야 한다. 그러나 유전자 정보를 저장한 대규모의 컴퓨터화된 정보 은행이 병원이나 보험 회사에 늘어남에 따라 이 프라이버시가 위협받고 있다는 게 책임 있는 유전학을 위한 회의의 우려다.

병원의 사례를 살펴보자. 대부분의 사람들은 수술이나 혈액 검사에서 일상적으로 시료가 채취돼 의료 정보은행에 보존된다는 사실을 알지 못한다. 그런데 놀랍게도 아주 적은 양의 혈액 시료조차 수백 번의 유전자 검사를 행하기에 충분한 DNA를 가진다. 이 검사는 태생이나 질병과 관련된 유전자 등 매우 민감한 개인적 정보를 포함할 수 있다.

하지만 대부분의 의료 정보 은행은 환자들의 사생활을 보호할 만한, 즉 정보의 비밀을 보장할 만한 아무런 장치를 가지고 있지 않다. 누가 유전자 정보를 입수해 이용할 수 있는 권리를 갖는지, 또 어떤 종류의 검사를 행할 수 있는지에 대한 제한선이 존재하지 않는다.

이런 상황에서 거대 규모의 유전 정보 은행은 시민의 자유를 박

탈할 위험이 있다. 혈액이나 정액과 같은 생물학적 시료를 분석함으로써 생명학자들은 개개인의 DNA 지도를 만들어낼 수 있다.

사실 이 방법은 미국 FBI와 군에서 이미 사용되고 있다. FBI는 모든 범죄자들의 DNA 지도를 담고 있는 데이터베이스를 구축하고 있다. 혐의자의 DNA 지도와 범죄 현장에서 발견된 혈액(또는 정액)의 시료에서 얻어진 DNA 정보를 비교한다는 목적에서다. 또 국방성은 군의 모든 구성원으로부터 유전자 시료를 취합하고 있다. 이들이 전사할 경우 신분 확인을 위해 사용될 것이라는 게 국방성의 설명이다. 이처럼 기존에는 특정 목적에 맞도록 사용되는 유전자 검사가 앞으로는 일반인에게까지 확산되지 않으리란 보장이 없다. 바로 사생활 침해를 일으킬 위험이 매우 큰 존재다.

사회적 감시와 합의가 필요

이처럼 인간 게놈 프로젝트는 우리에게 난치병 치유라는 혜택과 함께 적지 않은 불안감을 던져주고 있다. 확실한 것은 연구와 선언만으로 인간 게놈 프로젝트의 부정적 파장이 멈추지 않는다는 점이다. 연구 성과를 어디까지 활용할 것인가에 대해 사회 구성원들은 구체적으로 고민하고 선택해야 한다. 현재 세계의 많은 NGO(비정부기구)는 맞춤아기 탄생과 유전자 특허에 대해 강력한 반대 압력을 행사하고 있다. 유럽의 일부 국가들은 보험료 책정이나 고용에서 유전정보가 활용돼서는 안 된다고 법적으로 규정하고 있다. 인간 게놈 프로젝트의 성과가 인류 공동을 위해 제대로 사용되기 위해서는 끊임없는 사회적인 감시와 합의 과정이 필요하다. 어쩌면 우리는 지금 희망과 공포의 갈림길에 서 있는지도 모른다.

유네스코 〈인간 게놈과 인권에 관한 보편 선언〉

1997년 11월 11일 유엔교육과학문화기구(UNESCO)의 제29차 총회에서는 196개 회원국 대표가 모인 가운데 '인간 게놈과 인권에 관한 보편 선언'을 만장일치로 채택했다. 이 선언은 최근 급속히 발전하고 있는 생명공학 및 의학 분야의 인간 유전자 연구가 지녀야 할 윤리에 대한 최초의 국제적 규범이라는 역사적 의미를 담고 있다. 그 주안점은 이 분야의 과학 활동의 자유를 보장하되 연구 결과의 잠재적 남용으로부터 인권과 인간성을 보호할 수 있는 보편적인 윤리적 기준을 설정하는 데 두고 있다.

  유네스코는 이 선언을 위해 4년 동안 준비하였다. 이를 위해 사무총장인 패데리코 메이어는 1993년 유네스코 산하에 국제생명윤리위원회(IBC)를 창설하였다. 여기엔 약 60명의 세계 각국의 다양한 전문가가 참여하고 있는데 과학자뿐 아니라, 법률가, 철학자, 인류학자, 사회학자 등이 포함되어 있다. IBC는 선언의 초안을 마련하기 위해 각국의 대학, 윤리위원회, 정부 기구 및 비정부 기구에 광범위한 자문을 구했다. 선언 초안은 1993년에서 1996년 사이에 9번의 수정을 거쳐 드디어 올해 7월 유네스코 본부에 모인 81개국의 정부전문가위원회에서 그 문안이 최종적으로 확정되고, 약간의 수정을 거쳐 이번 총회에 상정되어 채택되었던 것이다.

　유네스코 선언은 세 가지 원칙과 세 가지 방향을 담고 있다. 세 가지 원칙이란 인간 게놈을 인류의 소중한 유산이란 개념으로 본다는 것, 유전적 특징에 관계없이 각 개인의 존엄성과 인간은 존중받아야 한다는 것, 그리고 게놈은 개인의 환경에 따라 다르게 발현될 수 있기 때문에 유전자 결정론을 거부한다는 것이다. 세 가지 방향은 우선 개인의 권리 보호를 위해 모든 연구와 치료 전에 사전 동의를 구하고 유전적 특징 때문에 차별받는 것을 금지하여 개인 유전자 정보의 비밀을 보장해야 한다는 것이다. 두 번째 방향은 지식의 진보와 보건의 증진을 위해, 인간 복제처럼 인간 존엄성을 해치는 연구를 제외하곤 과학의 자유를 국가가 보장해야 한다는 것이다. 세 번째는 유전적 질병 혹은 장애에 특히 취약한 개인, 가족, 집단의 보호를 위한 사회적 연대와 게놈 및 유전학 관련 지식 이전의 선진국과 개도국 간 국제 협력을 촉진하는 것이다.

　다음은 선언문 전문이다.

인간 게놈과 인권에 관한 보편 선언

A 인간 존엄과 인간 게놈
제1조
　인간 게놈은 인간 고유의 존엄과 다양성의 인식뿐 아니라 인류 전체의 근본적 단일성에 기초가 되며 상징적인 인류의 유산이다.
제2조

a) 모든 사람은 유전적 특성에 관계없이 존엄과 인권을 존중받을 권리를 가진다.

b) 그러한 인간 존엄은 각 개인들을 그들의 유전적 특성으로 환원시키지 않으며 개인의 특성과 다양성을 존중하도록 한다.

제3조

인간 게놈은 자연적으로 진화하며 각 개인의 건강 상태, 생활 조건 및 영양 상태와 교육 등을 포함하는 자연적이고도 사회적인 환경에 의해 서로 다르게 발현될 가능성을 가진다.

제4조

자연 상태의 인간 게놈은 결코 영리 목적으로 이용되어서는 안 된다.

B 인권에 관한 사항

제5조

a) 개개인의 게놈에 영향을 주는 연구와 치료 또는 진단은 반드시 그 자체 잠재적인 위험성과 이익에 대한 엄격한 사전 평가와 함께 국가법이 요구하는 다른 모든 요구 조건에 따라 수행되어야 한다.

b) 모든 경우에 관련 당사자의 자유 의사에 의한 사전 인지된 동의를 얻어야만 한다. 만일 관련 당사자가 동의할 수 없는 상황일 경우 당사자의 최대의 이익에 근거하여 법에 의해 규정된 바대로 동의 또는 인가를 얻어야 한다.

c) 유전적 검사 결과와 그 의미를 통보받을 것인가의 여부에 대한 각 개인의 권리는 존중되어야 한다.

d) 연구 활동의 경우 그 계획안은 관계되는 국내와 국제적인 연구 기준이나 지침에 따라 사전에 재심의되어야 한다.

e) 법에 규정된 바대로 개인이 동의할 능력이 없는 경우, 그 또는 그녀의 게놈에 영향을 미치는 연구는 법에 규정된 보호 조건과 인가된 상태에서 그 또는 그녀의 건강에 대한 직접적 혜택을 위해서만 행해질 수 있다. 그 또는 그녀의 건강에 직접적 혜택이 기대되지 않는 경우의 연구는 최대한 제한된 상태에서, 개인에게 최소한의 위험과 부담이 되며, 연구 목적이 동일 연령대나 같은 유전적 조건의 다른 사람들에게 건강상의 혜택을 주는 것이고, 법에 규정된 조건에 부합되며, 개인의 인권 보호와 합치되는 경우에만 예외적으로 수행될 수 있다.

제6조

그 어느 누구도 유전적 특성에 기인하여 인권을 침해하려 하거나 침해하는 효과를 가지거나 기본적으로 자유와 인간 존엄을 침해하는 차별을 받아서는 안 된다.

제7조

연구나 기타의 목적으로 저장되거나 가공된 식별 가능한 개인의 유전 자료는 법에 의해 예견된 조건 하에서 비밀이 유지되어야 한다.

제8조

각 개인은 그 또는 그녀의 게놈에 대한 조작의 직접적 또는 그에 의한 결과로 인해 받은 피해를 보상받을 권리를 국제 및 국가법에 의해 가진다.

제9조

국제공법과 인권에 관한 국제법의 범위 안에서의 원칙들을 견지하고 인권과 기본적 자유를 보호하기 위해 동의 및 비밀 유지의 원칙의 제한은 법에 의해서만 규정될 수 있다.

C 인간 게놈에 대한 연구

제10조

인간 게놈에 대한 어떤 연구나 그 응용도, 특히 생물학, 유전학, 의학의 분야에서 개인 혹은 적용되는 집단의 인권, 기본적 자유와 개인의 인간 존엄에 대한 존중에 우선할 수 없다.

제11조

인간 존엄에 위배되는 행위 즉, 인간 복제 등은 결코 허용되지 않는다. 국가 및 실권 국제기구들은 이러한 행위를 식별하고 국가적 국제적으로 이 선언에서 제시된 원칙들이 존중되는지를 감시할 적절한 수단을 결의하기 위해 협력하도록 권고한다.

제12조

a) 인간 게놈에 관한 생물학, 유전학 및 의학의 진보로 인한 혜택은 각 개인의 인권과 존엄성에 기인하여 모두에게 이용 가능해야 한다.

b) 지식의 진보에 필요한 연구의 자유는 사상의 자유의 한 부분이다. 인간 게놈에 관한 생물학, 유전학, 의학을 포함하는 연구의 응용은 인류 전체와 각 개인들의 고통을 경감시키고 건강을 향상시키기 위한 수단이어야 한다.

D 과학적 활동의 수행을 위한 조건

제13조

인간 게놈 연구의 틀에서 그 발견의 발표와 이용뿐 아니라 연구 수행 과정에서의 신중함, 주의, 지적 정직성, 통합성 등 연구자의 활동에 대한 고유의 의무는 그 윤리적·사회적 영향으로 인하여 특별한 주의 대상이어야 한다. 공공 및 사적 과학 정책 결정자들도 이러한 측면에서 특별한 의무를 진다.

제14조

이 선언에서 제시된 원칙들에 기초하여 각국은 인간 게놈 연구의 자유로운 수행을 보장하는 지적이며 물질적인 조건들을 권장하고, 이러한 연구의 윤리적, 법적, 사회적, 경제적인 파급 효과를 고려하는 적절한 조치를 취해야 한다.

제15조

각국은 인권을 보호하고, 기본적 자유, 인간 존엄과 공중 위생을 보호하기 위하여 이 선언에서 제시된 원칙들에 기초한 인간 게놈 연구의 자유로운 실시를 위한 틀을 제공하는 적절한 단계를 밟아야 한다. 또한 그 연구 결과가 비평화적인 목적으로 사용되지 않도록 감독해야 한다.

제16조

각국은 인간 게놈 연구와 그 응용에 의해 제기되는 윤리적, 법적, 사회적 문제들을 평가하기 위한 적절한 여러 계층에서의 독립적, 다분과적, 다원적인 윤리위원회의 설치를 촉진하는 것의 가치를 인식해야 한다.

E 국제 협력 및 연대

제17조

각국은 유전적 특성에 의한 질병 또는 장애에 의해 특별히 영향받기 쉽거나 영향받는 개인, 가족, 집단들 사이의 연대의 실천을 존중하고 촉진해야 한다. 또한 세계의 다수 인구에 영향을 미치는 전염성 질환과 더불어 특별히 희귀하지만 유전적 혹은 유전적으로 영향받는 질병의 규명, 예방 및 치료에 관한 연구를 특히 권장해야 한다.

제18조

각국은 인간 게놈과 인간 다양성, 유전적 연구에 관한 과학적 지식의 국제적인 보급이 계속 증진될 수 있도록 하며 특히 선진국과 개발 도상국 간의 과학적이고 문화적인 협조를 증진시키기 위하여 이 선언에서 제시된 원칙들에 대한 의무와 적절한 고려로 모든 노력을 다해야 한다.

제19조

a) 개발 도상국간의 국제적인 협조의 틀에서 각국은 다음 사항을 장려하도록 노력해야 한다.

① 인간 게놈 연구에 관한 위험과 이익에 대한 평가는 확인되어야 하며 오용이 방지되어야 한다.

② 개발 도상국들의 인간 생물학과 유전학 연구 수행 능력은 각국의 특정한 문제들을 고려하여 개발되고 강화되어야 한다.

③ 경제, 사회적 진보를 위한 과학과 기술 연구 성과들의 이용이 모든 사람들의 이익이 되도록 하기 위해서 개발 도

상국들은 이들 성과들로부터 이익을 얻을 수 있도록 해야
한다.

④생물학, 유전학, 의학 분야에서의 과학적 지식과 정보들의
자유로운 교환이 촉진되어야 한다.

b) 관련 국제 기구들은 앞서 말한 목적들을 위한 각국의 조처들
을 지원하고 촉진시켜야 한다.

F 선언에서 제시된 원칙들의 촉진

제20조

각국은 특히 여러 학문 분야간의 제휴 영역에서 연구와 훈련을
수행함과 생물 윤리 교육의 촉진을 포함한, 모든 계층에서, 특
히 과학 정책 책임자들에게 제안되는 교육과 적절한 방법들을
통하여 이 선언에서 제시한 원칙들을 촉진하기 위하여 적절한
조치를 취해야 한다.

제21조

각국은 생물학, 유전학, 의학의 연구와 그 응용에 의하여 제기
될 수 있는 인간 존엄의 수호와 연관되는 근본적인 문제점들에
관한 책임에 대하여 사회와 모든 구성원들의 인식 증가에 이바
지하는 다른 형태의 연구, 훈련과 정보의 보급을 장려하기 위
한 적절한 조치를 취해야 한다. 또한 이에 관하여 다양한 사회
문화적 표현과 종교적, 철학적인 견해의 자유로운 표현을 보장
한 열린 국제적인 토론을 촉진시켜야 한다.

G 선언의 이행

제22조

각국은 이 선언에서 제시한 원칙들을 촉진시키기 위한 모든 노력을 다하여야 하며 모든 적절한 방법으로 그 이행을 촉진시켜야 한다.

제23조

각국은 교육, 훈련, 정보의 보급을 통하여 위에서 말한 원칙들의 존중을 촉진하고 그들의 인식과 효과적 적용을 증진하기 위한 적절한 조처를 취해야 한다. 각국은 또한 독립적인 윤리 위원회들의 교류와 연락망을 장려하여 충분한 협조가 이루어지도록 해야 한다.

제24조

유네스코의 국제생명윤리위원회(IBC)는 이 선언에서 제시된 원칙들의 보급과 문제 기술들의 적용, 발전에서 제기되는 문제점들의 조사를 진행시키는 데 기여해야 하며, 취약 집단과 같은 관련 당사자들과 함께 적절한 협의회의를 구성하여야 한다. 국제생명윤리위원회(IBC)는 유네스코 규정에 의한 절차에 따라 총회에 권고안을 제출해야 하며 이 선언의 사후 실행, 특히 배종세포의 조작과 같은 인간 존엄에 반할 수 있는 실행의 확인에 대하여 보고해야 한다.

제25조

특히 이 선언에서 제시된 원칙들을 포함하여 이 선언의 어느 부분도 어떠한 국가나 그룹 또는 개인에게 인권과 기본적 자유에 반하는 어떠한 활동에 연관되거나 활동을 수행할 수 있는 권리를 의미하도록 해석될 수 없다.

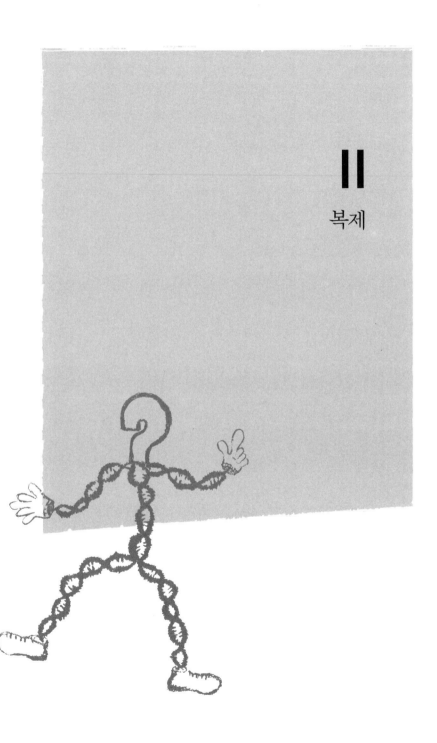

II

복제

>>> 복제란 무엇인가

1 돌리가 제시하는 희망

최초의 복제 양 돌리가 탄생한 것은 1996년. 이듬해 영국 로슬린 연구소의 이안 윌머트 박사와 케이스 캠벨 박사는 성장한 양을 최초로 복제시키는 데 성공했다는 내용을 2월 27일 《네이처》에 게재했다. 당시 신중한 과학자들은 양의 복제는 성공했지만 다른 포유동물이 같은 방법으로 복제될 수 있을지에 대해서는 의문을 표시했다. 하지만 돌리가 탄생한 지 불과 5년도 지나지 않아 과학자들의 부정적 시각은 사라지고 있다. 양 외에도 소, 원숭이, 쥐 등 다양한 동물 복제가 곳곳에서 탄생하고 있기 때문이다.

복제란 무엇일까. 그리고 과학자들은 왜 복제술에 매달리고 있을까.

아빠 없고 엄마만 세 마리

하나의 생명체가 탄생하기 위해서는 생식세포인 정자와 난자가 수
정해야 한다. 그런데 복제는 이 과정이 불필요하다. 생식세포가 아
닌 체세포 하나, 그리고 이를 키울 수 있는 '속이 빈 난자'만 있으
면 된다. 여기서 속이 비어 있다는 말은 난자에서 유전 정보가 담긴
핵을 사전에 제거했다는 의미다. 새로운 생명체에게 필요한 유전
정보는 체세포의 핵에서 제공되는 것이다.

체세포는 귀, 코, 자궁 등 몸의 어느 부위에서나 쉽게 구할 수 있
다. 속이 빈 난자 역시 현대의 생명공학에 힘입어 어렵지 않게 얻을
수 있다. 그렇다면 내가 나의 세포 하나를 피부에서 떼어내 속이 빈
난자에 집어넣고 잘 기르면 나와 유전 구조가 똑같은 '또 다른 나'
가 탄생할 수 있다.

사실 돌리가 태어나기 전에도 복제 기술은 이미 활용되고 있었
다. 1993년 로버트 스틸만과 제리 할 박사는 인간을 대상으로 복제
실험에 성공해 세상을 떠들썩하게 만들었다. 그런데 이들이 복제
실험에 사용한 것은 인간의 체세포가 아니라 수정란 단계의 생명
체였다(수정란 복제). 정자와 난자가 만들어진 수정란은 분열을 거
듭하며 수많은 세포로 분할된다. 스틸만과 할은 이 세포 가운데 하
나를 떼어내 속이 빈 난자에 이식해본 것이다. 그러자 그 세포가 마
치 하나의 생명체처럼 계속 분열을 거듭하며 독립적인 개체로 자
라날 조짐을 보였다. 물론 사람을 대상으로 한 실험이었기 때문에
이들은 더 이상 연구를 진행시키지 않았다.

1997년 3월 2일 미국《워싱턴 포스트》에 보도된 원숭이 복제 실험도 이와 유사한 것이었다. 미국의 오레곤영장류연구센터의 돈 울프 박사팀은 수정란이 8개로 나눠졌을 때 이들을 각각 분리해 핵이 제거된 난자에 주입한 뒤 유전적으로 같은 형질을 가진 8개의 수정란을 생산했다. 그리고 이런 방법에 의해 출생한 원숭이들을 일반인에게 공개했다.

하지만 이 원숭이는 '진정한' 의미의 복제술로 태어난 돌리와 격이 다르다. 수정란이 분열하는 초기에 세포 하나를 떼어내 키우면 독립된 하나의 개체로 자랄 수 있다는 점은 사실 발생학 분야에서 많이 알려진 일이었다.

하지만 돌리는 다르다. 돌리는 다 자란 어른의 체세포 하나로 만들어진 생명체다. 진정한 의미의 복제는 이처럼 이미 성장한 생물로부터 이와 똑같은 개체를 생산하는 일이다. '이론적'으로는 황영조 선수, 테레사 수녀, 레이건 전 미국 대통령 등 각 분야에서 뛰어난 인물들을 선택해 복제할 수 있다는 말이다.

윌머트 박사는 어떤 비법을 써서 이 일을 실현시켰을까. 그는 여섯 살 된 양의 유방에서 얻은 젖샘세포를 배양하고 이를 미리 핵이 제거된 미수정란에 이식했다(체세포 핵 치환법). 이 난자는 대리모 자궁에 이식돼 돌리라는 복제 양으로 태어났다. 아빠는 없고 엄마만 세 마리인 셈이다. 젖샘세포를 제공한 엄마, 난자를 제공한 엄마, 그리고 자궁에서 키워준 엄마다.

손오공의 비법과 유사

물론 이 일이 간단하지는 않았다. 윌머트 박사는 무려 277회의 실험 끝에 돌리가 탄생했다고 밝혔다. 이미 다 자란 특정 부위의 세포를 시간을 되돌려 수정란 단계의 세포처럼 바꾸는 일이 결코 쉬운 일은 아니었다. 젖샘세포가 하나의 개체를 만들어내리라고 누가 상상할 수 있었을까. 마치 손오공이 자신의 머리카락을 날려 똑같은 분신들을 만들어내는 과정과 크게 다르지 않다.

과학자들은 왜 복제술에 집착해왔을까. 단순한 지적 호기심 때문일까. 그렇지 않다. 복제술은 인간에게 식량 문제를 해결하게 해주고 난치병 치료를 도와주는 등 막대한 잠재적 영향력을 지니고 있다. 경제적으로 엄청난 이득을 던져주는 것은 물론이다. 그야말로 생명공학계에서 황금알을 낳는 거위로 통한다.

국내에서 탄생한 복제 동물의 사례를 살펴보자. 1999년 2월 12일 오후 5시 30분. 경기도 화성군의 한 목장에서 국내 최초로 복제 송아지 '영롱(young-long)'이가 태어났다. 영롱이의 산파역은 서울대 수의학과 생명공학연구실 황우석 교수팀이 맡았다. 연구팀은 과학기술부 G-7프로젝트 '신기능 생물 소재 개발 사업'의 일환으로 1996년 10월부터 본격적인 실험에 착수, 1999년 2월 프로젝트를 성공적으로 마쳤음을 알렸다.

영롱이는 돌리와 유사한 방법으로 태어났다. 암소와 수소의 교배 없이 암소의 체세포 하나로 송아지가 탄생한 것이다. 어미 소는 모두 세 마리다. 우선 품종이 우수한 암소의 자궁세포를 얻었다. 또 다른 암소로부터 난자를 채취해 유전 물질을 지닌 핵을 제거했다. 이 '비어 있는' 난자에 자궁세포를 넣은 후 전기 충격을 가해 난자와 자궁세포를 융합시켰다. 그 결과 자궁세포의 유전 물질을 갖춘 새로운 난자가 만들어졌다. 이 난자는 인큐베이터에서 7~8일 간 배양된 후 배반포기(blastocyst stage)까지 성장했다. 연구팀이 대리모의 자궁에 이식한 시점이다. 영롱이는 1998년 5월 13일 자궁에 이식된 이후 275일 만에 출산됐다.

영롱이가 태어남으로써 한국은 영국(양), 일본(소), 뉴질랜드(소), 그리고 미국(쥐)에 이어 다섯 번째로 동물 복제에 성공한 나라가 되었다. 젖소로서는 세계 최초다.

영롱이는 보통 젖소보다 '성능'이 월등할 것으로 기대된다. 유전 물질을 제공한 어미 소의 품종이 우수하기 때문이다. 이 어미 소는 연간 우유 생산량이 1만 8,000kg으로 보통 젖소의 세 배에 달한다. 또 각종 질병에 대한 내성이 뛰어나다. 55만 마리 중에서 엄격한 심사 과정을 거쳐 최종 선발된 5마리가 실험에 사용됐다.

하지만 제아무리 우량한 소라도 흠이 있게 마련이다. 예를 들어 자궁세포 하나에 미세하나마 질병의 조짐이나 유전적인 결함이 존재할 수 있다. 연구팀은 이 가능성을 제거하기 위해 자궁세포에 대한 유전자 검사를 실시했다. 그 결과 이상한 조짐을 조금이라도 보이는 세포는 모두 제거됐다. 세계적으로 처음 시도된 검증 과정이었다.

같은 해 3월 영롱이에 이어 고품질 한우 '진이'가 복제돼 태어났다. 또 12월 31일에는 농촌진흥청 축산기술연구소에서 두 번째 복제 한우 '새빛'이 태어났다. 복제술은 이처럼 고성능·고품질의 소를 대량으로 만들어낼 수 있는 획기적인 기술이다.

백두산 호랑이의 부활

복제술의 또 다른 응용 가능성은 멸종 위기에 처한 동물을 되살려내는 일에 맞춰져 있다. 1999년 12월 말경 황우석 교수는 멸종 위기에 처한 백두산 호랑이를 복제해 2000년 중에 태어나게 하겠다고 밝혀 화제를 모았다.

복제 호랑이의 탄생 과정은 영롱이와 비슷하다. 정자와 난자의 만남이 아니라 핵이 제거된 빈 난자에 체세포를 융합한 후 키워내는 방식이다. 황우석 교수는 용인 에버랜드에서 사육되고 있는 백두산 호랑이에서 체세포(귀의 피부세포)를 얻어 복제 수정란을 얻는 데 성공했다.

그런데 빈 난자를 제공한 동물은 호랑이가 아니라 소였다. 황우석 교수는 "호랑이 암컷에서 난자를 얻는 일이 무척 어렵기 때문에 상대적으로 수가 많이 확보된 소의 난자를 사용했다"고 밝혔다.

난자를 얻기 위해서는 불가피하게 개복 수술을 해야 한다. 수가 얼마 남지 않은 호랑이에게 칼을 댈 수 없는 노릇이다. 또 수술 후 호랑이가 상처 부위를 긁어대 내장이 배출될 위험이 크다. 이런 상황에서 실험에 필요한 수천 개의 호랑이 난자를 얻기는 불가능하다. 그렇다면 소의 난자가 호랑이에게 나쁜 영향을 끼치지 않을까. 혹시 영향이 있다 해도 호랑이가 젖을 만드는 능력이 떨어지는 정도에 불과하다는 것이 황우석 교수의 설명이다.

당시 냉동 보관 중인 '복제 수정란'은 백두산 호랑이의 발정기인 4월에 맞춰 암컷 자궁에 이식될 예정이었다. 임신 기간이 4개월 정도여서 빠르면 2000년 가을 복제 호랑이가 등장할지도 몰랐다.

물론 어려움이 많다. 백두산 호랑이의 '복제 수정란'을 자궁에 이식하는 시점은 발정이 끝난 후 7일째 되는 날이다. 이 날을 정확히 맞춰 자궁 깊숙이 '복제 수정란'을 집어넣어야 성공률이 높아진다. 이런 여러 가지 어려움 때문에 세계적으로 야생 육식동물인 호랑이를 복제하는 데 성공한 나라는 아직 없다.

황우석 교수의 복제 호랑이 프로젝트 역시 실패로 끝났다. 2000년 10월 2일 황우석 교수와 서울대공원 야생동물보존센터, 중문의대 차병원 불임센터, 용인 에버랜드 동물원은 호랑이 복제를 시도했으나 실패했다고 발표했다. 이들은 "에버랜드에서 사육 중인 뱅골호랑이와 북한에서 들여온 암호랑이(이름 랑림)의 귀에서 체세포를 떼어내 이를 핵을 제거한 소의 난자와 전기·화학적 방법으로 융합해 복제 배아를 만들어, 지난 4~5월 서울대공원에서 사육 중인 호랑이와 사자 대리모에 이식했다"고 밝혔다.

이식된 복제 수정란들은 대부분은 임신 중반기에 유산됐다. 그러나 북한산 호랑이의 체세포를 이식한 처녀사자 대리모 한 마리가 임신 후반기의 특징인 유방의 발육 등이 확인돼 그해 안에 복제 호랑이가 탄생할 것으로 기대됐으나 발표 2주 전 유산되고 말았다.

당시 황 교수는 "비록 실패했지만, 이종간 임신은 세계 최초이고 복제가 종의 장벽을 뛰어넘을 수 있음을 보여주었다"며 "축적된 기

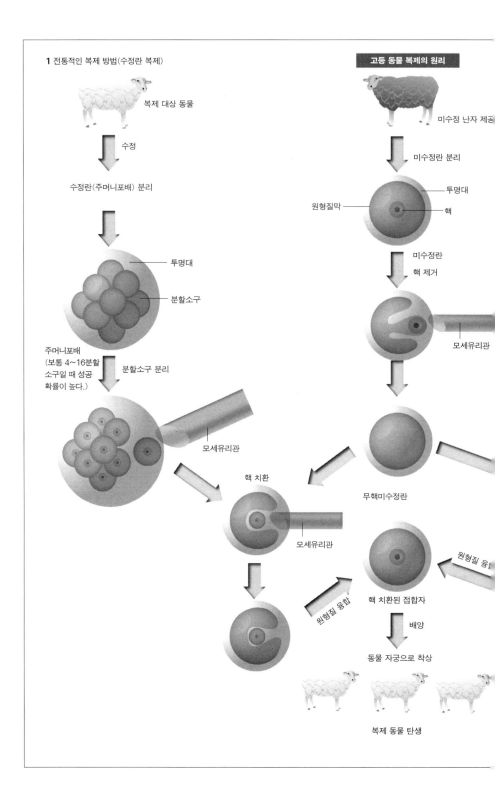

1 전통적인 복제 방법(수정란 복제)

고등 동물 복제의 원리

복제 대상 동물

미수정 난자 제공

수정

미수정란 분리

수정란(주머니포배) 분리

투명대
원형질막
핵

투명대
분할소구

미수정란
핵 제거

주머니포배
(보통 4~16분할
소구일 때 성공
확률이 높다.)

분할소구 분리

모세유리관

모세유리관

핵 치환

무핵미수정란

모세유리관

원형질 융합

핵 치환된 접합자

원형질 융합

배양

동물 자궁으로 착상

복제 동물 탄생

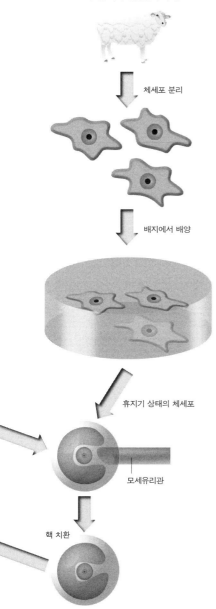

2 새로운 복제 방법(성체 복제)

체세포 분리

배지에서 배양

휴지기 상태의 체세포

모세유리관

핵 치환

핵 치환법

복제 동물을 생산하는 데 핵심적으로 사용되는 방법은 핵 치환(nuclear transfer 또는 nuclear transplantation)이다. 이 과정의 대부분은 현미경에서 미세조각가와 미세주입기를 통해 이뤄진다.

먼저 전통적인 수정란 복제 방식을 살펴보자(**1**). 4~32개 사이의 분할소구가 형성된 난자를 분리한 뒤 모세유리관으로 산을 처리해 당단백질막인 투명대에 구멍을 뚫는다. 이때 모세유리관을 구멍 속으로 삽입해 분할소구를 하나씩 꺼낸다.

분할소구를 삽입시킬 미수정란을 다른 동물에서 채취한 뒤 핵을 제거한다. 이곳에 분할소구를 집어 넣은 뒤 미수정란에 잘 융합할 수 있도록 바이러스(Sendi virus)를 처리하거나 순간적으로 고압 미세전류를 흘린다. 이때 분할소구의 세포핵이 무핵미수정란의 세포질 안에서 안정되게 자리를 잡는다. 이 새로운 접합자는 실험실의 배양기나 동물의 수정관에서 5~6일 간 배양된 뒤 동물의 자궁에 착상된다. 이것이 정상적인 개채로 자라나면 실험은 성공이다.

윌머트 박사가 사용한 방법은 조금 다르다(**2**). 먼저 이미 다 자란 동물(성체)의 세포를 떼어 실험실에서 배양한다. 이때 세포는 자가복제를 거듭한다. 일정 시간이 지나면 세포의 영양분을 제거해 성장을 멈추게 한다. 여기서 추출한 핵을 미리 준비해둔 난자와 융합시키고 대리모의 자궁에 이식한다. 배양된 세포를 이용해 동물을 복제하기 때문에 복제 동물을 수에 제한 없이 생산할 수 있는 방법이다.

술을 바탕으로 내년에는 대리모의 숫자를 늘리고 호르몬제를 투여하는 등 방법을 보완해 다시 시도하겠다"고 말했다.

또 황우석 교수는 "이종 동물간 체세포 복제 연구가 성공하면 이미 멸종 위기에 처한 동물의 보존에 크게 기여할 수 있을 것"이라고 말하며 "생명 복제 연구가 질병 치료와 농축산 발전은 물론 멸종 위기의 동물 보존에도 기여할 수 있다는 것을 보여주고 싶어 이 연구를 하게 됐다"고 설명했다.

백두산 호랑이는 남한에서는 멸종된 것으로 추정되며 북한에서도 중국 접경 고산 지대에 몇 마리만 남아 있는 것으로 알려져 있다. 국내에는 2000년 현재 용인 에버랜드 등에 30여 마리의 백두산 호랑이가 있지만 그나마 모두 일제 시대에 생포돼 미국으로 수출됐다가 번식 후 다시 우리 나라에 들여온 것들이다.

한편 복제술의 가치는 생명공학의 또 다른 첨단 기술인 형질 전환 기술과 만날 때 더욱 빛을 발한다. 현재까지 체세포를 얻은 동물은 어디까지나 '자연산'이었다. 하지만 형질 전환 기술을 통해 우수한 유전자를 이식한 동물이 태어났을 때, 이 동물을 다시 복제한다면 인간에게 훨씬 유용한 동물을 확보할 수 있는 길이 열리는 것이다. 대표적인 사례가 인간에게 장기를 이식할 수 있도록 유전자가 변형된 복제 돼지다.

2 돌리의 죽음이 던지는 메시지

복제 양 돌리가 사망했다. 2003년 2월 14일 세계 최초의 복제 동물 돌리를 탄생시킨 영국의 로슬린 연구소는 돌리가 진행성 폐질환을 앓고 있어 도축했다고 발표했다. 돌리의 생일이 1996년 7월 5일이었으니, 약 6년 반의 생을 산 것이다. 그런데 양의 평균 수명은 10~16년으로 알려져 있다. 그렇다면 돌리는 보통 양에 비해 절반의 삶을 살았을 뿐이다. 과연 돌리는 왜 요절한 것일까.

과학자들은 돌리가 죽기 전까지 비만, 퇴행성관절염에 시달렸고 결정적으로 폐질환에 걸렸다는 점에 주목했다. 이들은 모두 노화로 인해 발생하는 자연적인 징후들이기도 하기 때문이다. 즉 돌리가 한창 때 조로증에 걸린 것은 아닐까 하는 의심이다.

사실 돌리의 몸이 동갑 양들에 비해 많이 노화됐을지도 모른다는 가능성은 수년 전부터 제기돼 왔다. 1999년 5월 27일 《네이처》에 돌리의 경우 세포 노화의 척도로 알려진 염색체 말단 부위인 텔로미어(telomere)가 정상이 아니라는 글이 실렸다. 이 내용을 발표한 사람 중에는 돌리를 탄생시킨 주인공인 영국 로슬린 연구소의 윌머트 박사가 포함돼 있었다.

한편에서는 태어난 지 3년 된 돌리가 6세의 어미에게 체세포를 받았기 때문에 실제 돌리의 나이는 9세이지 않겠느냐는 해석도 나왔다. 하지만 다른 한편에서는 이번 발표로 돌리가 조로 증세를 보인다고 판단하기에는 무리가 있다는 의견이 제기됐다. 과연 돌리의 생체 시계는 몇 시를 가리키고 있었을까.

염색체의 구조와 텔로미어의 위치

염색체는 DNA 이중 나선과 단백질(히스톤)이 결합된 구조를 이룬다. 텔로미어란 염색체의 끝에서, 염기 서열이 같은 DNA 조각이 반복되는 부위를 말한다. 나이가 들수록 텔로미어의 길이가 짧아진다.

세포 노화의 척도 텔로미어

돌리가 조로 증세를 보였는지 아닌지는 매우 중요한 현안이다. 당시 돌리는 많은 과학자 사이에서 한마디로 '장밋빛 미래의 상징'이었기 때문이다. 복제 기술은 우량 가축을 대량으로 생산할 수 있고 백두산 호랑이처럼 멸종 위기에 처한 희귀종을 보존할 수 있는 등 과거에는 상상하기 어려운 일들을 획기적으로 해결해 줄 수 있는 열쇠다. 그러나 만일 돌리의 몸에 이상이 있었다면 복제 동물의 '실용화' 시기가 예상보다 훨씬 늦춰져야 할 것이다.

화제의 핵심인 텔로미어의 정체를 살펴보자. 텔로미어란 염색체 양끝에 존재하는 말단 부위를 뜻한다. 짧은 길이의 유전자 조각이 반복된 구조로 이루어져 있다.

이 단순해 보이는 부위가 세포의 노화와 어떤 관계를 가질까. 세포에게도 태어나서 사멸할 때까지 일생이 있다. 이 기간 동안 세포는 자신의 몸을 수십 회에 걸쳐 분열시킨다. 이 과정에서 유전 정보를 담고 있는 염색체는 분열하기 전 두 배로 늘어난다. 그런데 어떤 이유에서인지 염색체가 분열을 거듭할수록, 즉 세포의 노화가 진행될수록 텔로미어의 길이가 짧아진다고 한다.

그렇다면 생식세포인 정자처럼 짧은 시간 내에 무수히 분열하는 경우는 어떨까. 만일 그대로 방치했다가는 텔로미어가 순식간에 짧아지는 탓에 정자의 생명은 그리 오래가지 못할 것이다. 이를 방지하기 위한 장치가 텔로미어를 만드는 효소인 텔로머레이즈 (telomerase)다. 생식기관, 조혈기관, 그리고 피부와 같이 세포 분열이 왕성한 곳에서 활약을 펼쳐 텔로미어가 줄어들지 못하게 만드는 역할을 한다. 따라서 세포에서 텔로머레이즈의 활성도가 낮아졌다면 텔로미어의 길이가 짧아졌음을 의미한다.

그동안 텔로미어와 노화의 관계는 주로 곰팡이 같은 미생물 수준에서 활발히 연구돼왔다. 그런데 최근 이 관계를 고등 동물에 적용시킨 연구가 성균관대 생물학과 이한웅 교수에 의해 수행됐다.

이한웅 교수는 1997년 이후 1999년 3월에 이르기까지 과학 전문지 《네이처》와 《셀》에서 텔로머레이즈가 없는 생쥐의 경우 생리 기능에 심상치 않은 이상이 생겼음을 밝혔다. 그는 생쥐에서 텔로머레이즈 형성에 관여하는 유전자를 제거한 후 몇 세대에 걸쳐 생쥐의 반응을 살펴보았다. 그러자 생식기관과 조혈기관, 그리고 피부에 이상이 생겼다. 예를 들어 생식기관의 크기가 현저히 줄고 비정상적인 모양이 발생했으며, 6대에 이르렀을 때 아예 생식 기능이 사라졌다. 혈액이 만들어지는 능력이나 피부의 상처 회복력 역시 현저히 떨어졌다. 더욱 흥미로운 점은 텔로미어가 더 짧은 생쥐를 대상으로 같은 실험을 실시하자 불과 3대째에서 비슷한 증세가 나타났다는 점이다. 고등 동물의 경우에도 텔로미어의 길이가 노화와 강력한 상관 관계가 있음을 시사하는 증거였다.

그렇다면 돌리의 텔로미어는 왜 정상에 비해 짧은 것일까. 사실 이 점은 돌리가 처음 탄생했을 때부터 어느 정도 예견된 것이었다. 돌리에게 유전자를 제공한 어미 양의 나이는 6세였다. 즉 이미 여러 차례 분열을 거친 세포의 유전자로 돌리가 탄생한 것이다. 정자와 난자가 만나 만든 수정란의 유전자를 원본이라 본다면, 6세의 어미 양에서 얻은 유전자는 수정란 유전자의 복사본에 해당한다. 원본에 비해 복사본에 흠집이 있으리라는 점은 누구나 짐작할 수 있다.

분자 수준 나이는 실제 나이와 다르다

하지만 이런 분자 수준의 흠집이 한 개체가 비정상적으로 노령화됐음을 알리는 직접적인 증거는 아니다. 국내에서 복제 기술을 활용해 우량 젖소와 한우를 생산하는 데 성공한 황우석 교수는 바로 이 점을 지적한다.

황우석 교수는 "돌리의 생식 능력이나 전반적인 건강 상태를 볼 때 돌리는 젊은 양으로 판단된다"고 말한다. 그는 "양의 나이를 측정하는 외양적인 지표인 치아의 마모도, 뿔과 발굽에 나타나는 나이테 등을 살펴보면 같은 또래의 양과 다를 게 없다는 점이 확인됐다"고 설명하고 "텔로미어와 같은 분자생물학적 수준의 연령을 곧바로 실제 생물학적 나이로 연결시키는 것은 무리다"고 주장한다.

이한웅 교수 역시 비슷한 의견을 제시했다. 텔로미어의 길이와 노화가 상관 관계를 가지는 것은 사실이지만, 그 길이의 변화가 반드시 몸 전체를 노화시키는 원인이라고 단언하기 어렵다는 설명이다. 더욱이 이한웅 교수의 실험 대상은 생쥐였기 때문에 돌리와 같은 양의 경우에도 그런 결과가 나올지 확언할 수 없는 게 사실이다.

흥미로운 점은 돌리의 텔로미어에 관한 논문이 나온 이후 정반대, 즉 복제 동물의 경우 텔로미어가 오히려 길어진 사례도 있다는 점이 밝혀졌다. 2000년 4월 28일 《사이언스》에는 복제 동물의 텔로미어가 정상인 동물에 비해 오히려 길다는 연구 결과가 게재돼 주목을 끌었다. 연구를 이끈 미국의 어드벤스드 셀 테크놀로지(ACT) 사의 로버트 란자 박사는 1,900개의 복제 소 수정란을 만들었는데, 이 가운데 6마리가 출생하는 데 성공했다. 그런데 이들의 텔로미어가 같은 나이의 소보다 길었으며, 금방 태어난 송아지보다 긴 개체도 있었다는 주장이다.

같은 해 미국 코네티컷대의 제리 양 교수 역시 5~6세의 성숙한 복제 소의 텔로미어가 2,000~5,000 염기쌍 정도 늘어났다는 사실을 알아냈다. 또 2001년 일본의 나가이 박사는 5~6세짜리 성숙한 소의 피부세포를 통해 복제한 소는 텔로미어의 길이가 증가되나, 다른 세포로 복제된 소들은 약간 짧아진다는 연구 결과를 얻었다.

이처럼 복제 동물의 텔로미어 길이에 대해서는 정확히 단언할 수 없는 상황이다. 다만 경우에 따라 텔로미어가 길어졌다 짧아졌다 한다는 내용을 볼 때 복제 기술이 그만큼 불완전하다는 점만은 분명하다. 과학자들이 몇 가지 가설을 제시하고는 있지만 누구도 자신 있게 주장하지는 못하고 있다.

세포 수준이 아니라 몸의 생리 기능에는 어떤 변화가 올 것인가. 돌리의 사망 전에 나타난 여러 징후들은 복제 동물의 몸이 결코 정상일 수 없다는 점을 시사한다.

1999년 4월 실제로 이런 추측이 현실화돼 나타났다. 프랑스 과학자들은 성장한 암소의 체세포에서 복제한 송아지가 외양상 건강한 것으로 보였지만 빈혈증으로 인해 태어난 지 7주 만에 죽었다고 전했다. 연구진은 문제의 송아지가 사망한 원인이 암소가 태어난 후 면역 체계의 정상적인 발달이 이루어지지 않은 데 있었다고 밝혔다.

이 연구 결과는 세계적인 의학 학술지인 《랜싯(Lancet)》에 발표됐다. 연구를 주도한 장 폴 레나드 박사에 따르면, 이번 연구는 체세포 복제로 인해 유발되는 장기적인 결함을 발견한 것으로는 최초의 연구 업적이라고 한다.

돌리를 만들어낸 영국 로슬린 연구소의 학자들은 이번에 발표된 프랑스 학자들의 연구 결과가 복제 동물을 가장 자세히 연구한 업적이라고 평가했다. 연구소의 부소장 헤리 그리핀은 이 연구 결과가 복제 기술이 불완전하다는 중요한 증거를 제시한 것이라고 밝혔다.

질병의 징후는 아니어도 전혀 예측 불허의 외모를 지니고 태어나 과학자들을 당황스럽게 만드는 경우도 있다. 2003년 3월 경상대 축산과학부 김진회 교수는 복제 돼지 한 마리가 부모(?)와는 전혀 다른 색깔로 변색해버린 사실을 알렸다. 이 돼지는 처음에는 2002년 8월 함께 태어난 네 마리처럼 털이 암적색, 피부가 흑색이었다. 그런데 생후 3개월부터 피부와 털의 색깔이 바뀌더니 4개월째 들어서는 완전히 흰색으로 변했다는 것이다. 이 돼지에 체세포와 난자를 제공한 돼지는 모두 털은 적색, 피부는 흑색이었다.

그렇다면 이 돼지는 돌연변이체일까. 김 교수는 "피부와 털에 관여하는 유전자는 정상이어서 돌연변이와는 다른 현상"이라며 "만일 변색이 노화나 스트레스에 의한 것이라면 이들 연구에 큰 도움이 될 것"이라고 설명했다. 이제껏 세계적으로 복제 돼지는 물론 일반 돼지의 경우에도 피부와 털의 색깔이 완전히 변했다는 보고는 한번도 없었다.

2000년 말 미국 텍사스 A&M 대학 연구팀이 탄생시킨 최초 복제 고양이 '시시(Cc)'도 유사한 사례다. 체세포를 제공한 어미는 흰색 바탕에 갈색과 금색 얼룩인 반면, 시시는 흰색 바탕에 회색 줄무늬를 가졌다.

'영롱이는 이상 없다'

한국에서 탄생한 복제 동물들은 어떨까. 물론 복제 동물을 직접 생산하는 과학자들은 신중하게 건강 검진을 수행하고 있다. 국내 최초의 복제 소 영롱이를 보살피는 발안종합동물병원측은 2003년 현재 돌리와 달리 영롱이는 지금까지 병 한 번 걸리지 않았을 정도로 건강하다고 밝혔다. 염색체에서도 노화 현상은 나타나지 않았다고 한다. 다만 황우석 교수팀에서 태어난 4개월 된 복제 돼지가 턱 밑 피부에 주름이 생기고 울음 소리도 늙은 돼지와 비슷해지는 등 조로 현상이 나타나 우려를 낳았다.

그런데 복제 동물의 몸 상태에 대한 조사와 보고는 복제 연구를 수행하는 과학자들에게만 맡겨도 괜찮은 것일까. 정부 차원에서 별도의 전문가를 구성해 직접 복제 동물에 대한 관리를 수행해야 하지 않을까. 하지만 이 문제에 대한 정부의 공식적 언급은 별달리 찾아보기 어렵다. 돌리의 사망으로 복제 동물의 안전성 문제가 본격적으로 대두되고 있는 상황에서, 한국 정부의 정책은 여전히 '복제 육성'의 분위기가 강하게 작용하고 있는 듯하다.

3 백두산 호랑이의 씨받이는 암소?

2000년 국내에서 선보일 예정이던 세계 최초의 복제 호랑이는 돌리나 영롱이에 비해 태어나는 과정에서 한 가지 뚜렷한 차이점을 가지고 있다. 속이 빈 난자를 제공한 것은 암호랑이가 아니라 암소이라는 점이다. 다른 종의 협조를 받아 태어날 백두산 호랑이의 몸은 과연 정상일까. 속이 빈 난자의 역할은 일종의 인큐베이터와 같다. 즉 백두산 호랑이의 귀 세포를 받아들여 정상적인 수정란처럼 분열되도록 만드는 환경을 제공한다. 그런데 문제가 있다. '속이 비었다'는 말은 난자의 핵이 제거됐다는 의미다. 핵에는 유전자가 포함돼 있다. 하지만 난자의 유전자는 핵에만 존재하는 것이 아니다. 핵 바깥의 세포질에 존재하는 미토콘드리아라는 소기관에도 미미한 양(전체의 1% 정도)이지만 유전자가 존재한다. 미토콘드리아는 세포의 활동에 필요한 에너지를 만들어내기 때문에 '세포 내 공장'이라고 불린다.

멸종 위기의 본질

그렇다면 속이 빈 난자에 암소의 미토콘드리아 유전자가 존재한다는 말이다. 이 유전자가 백두산 호랑이의 발생 과정에서 섞여 들어가 어떤 영향을 미치지는 않을까.

수년 전 복제 양 돌리의 경우 유전자 성분을 조사한 결과 미토콘드리아 유전자가 체세포를 제공한 어미 양과 다르다는 점이 밝혀졌다. 엄밀히 말해 돌리가 어미 양과 유전적으로 동일하지 않다는 의미다. 미국 컬럼비아 대학의 에릭 숀 박사와 돌리를 탄생시킨 윌머트 박사가 포함된 공동 연구진이 《네이처 제네틱스》에 발표한 논문에서 밝혀진 내용이다. 숀 박사는 "이것은 난자가 어미 양의 미토콘드리아 유전자를 파괴했음을 의미한다"고 말했다. 즉 속이 빈 난자의 미토콘드리아 유전자가 돌리에게 전달됐음을 알려주는 증거다. 그렇다면 백두산 호랑이의 경우 암소의 미토콘드리아 유전자가 개입할 가능성이 크다.

문제는 미토콘드리아 유전자가 어떤 영향을 줄 것인가이다. 하지만 현재로서는 이 질문에 대한 속시원한 답이 없다. 황우석 교수는 "불과 1~5% 정도의 영향에 불과하며, 영향이 있다 해도 그 개체가 암호랑이로 태어났을 때 젖을 만드는 능력이 떨어지는 정도일 것"이라고 설명했다.

백두산 호랑이의 탄생은 생태계와 관련해 또 다른 문제점을 안고 있다. 백두산 호랑이가 멸종 위기에 처한 이유는 바로 현대 문명이 낳은 환경 오염이다. 멸종 위기에 처한 동물을 구하자는 운동은 그 본질적 원인인 환경 오염을 없애자는 것이 주요 목표다. 그런데 환경 오염은 그대로 인체 복제술을 통해 백두산 호랑이를 부활시킨다는 것이 과연 어떤 의미를 제공할까. 혹시 복제술을 통해 제2, 제3의 멸종 동물이 되살아나는 반면 환경 오염에 대한 관심은 뒷전으로 사라지는 것은 아닐까.

백두산 호랑이를 생태계에 풀어놓는 일도 신중히 생각해야 한다. 이미 백두산 호랑이가 사라진 지 수십 년이 지난 생태계에서 백두산 호랑이의 등장은 또 하나의 새로운 이물질일 수밖에 없다. 기존의 생태계를 어떻게 교란시킬지 예측하기 어렵기 때문이다.

보급 앞서 신중함 필요

같은 맥락에서 한때 정부가 적극적인 추진 의사를 표명했던 '복제소의 전국 보급'도 곰곰이 되짚어볼 필요가 있다. 전국적으로 우량종을 보급하는 일이 과연 인간과 자연에게 이익만을 제공할 것인지는 미지수다. 당장은 맛 좋고 영양가 높은 우량종이 농민이나 소비자에게 인기를 끌지 모른다. 그러나 멀지 않은 장래에 전국에 우량종만이 생존하고 있을 상황을 가정해보자. 각 우량종은 동일한 유전자를 지닌 쌍둥이들이기 때문에 생물종의 다양성은 지극히 한정될 것이다. 만일 젖소 한 종에 치명적인 질병이라도 발생한다면 전국의 모든 젖소 중에서 살아남는 것은 하나도 없게 된다. 더러는 유전적으로 차이가 있어 웬만한 질병에도 견디는 개체가 있어야 종의 생존을 유지할 수 있다.

물론 이 얘기는 다양한 시나리오 중의 하나에 불과하다. 이런 가능성을 막기 위해서는 충분한 사전 검토가 필수다. 영국의 로슬린 연구소가 우리보다 몇 년 앞서 복제 동물을 만들었지만, 이를 대량으로 보급하기보다 질병 치료용으로 소량만을 만들고 있는 신중한 모습을 눈여겨볼 필요가 있다. 피를 응고시키는 단백질 생산 유전자를 사람에게서 추출해 양(몰리와 폴리)의 젖 생산 유전자에 이식시킨 경우다. 복제술은 아직 인간이 안심하고 다루기에 적지 않은 위험 요소를 내포하고 있다.

4 한국은 동물 복제 최강국인가?

2000년 3월 한국이 세계에서 복제 동물을 가장 많이 생산하는 나라로 떠오를 날이 멀지 않았음을 알리는 행사가 열렸다. 3월 17일 농림부 산하 농촌진흥청 축산기술연구소에서는 한우 복제 생산을 활성화시키려는 정부의 강한 의지를 알리는 '가축복제연구센터' 현판식이 거행됐다.

연구센터는 농림부의 '복제 기술을 통한 우량소 보급 계획'에 따라 우수한 복제 한우를 대량으로 농가에 보급할 계획이다. 이를 위해 복제 기술 인력 520명(축산기술연구소 전문 인력 40명, 민간 인공 수정사와 수의사 480명)을 육성하는 한편, 현재의 복제 성공률 10% 수준을 40%로 끌어올릴 목표를 세우고 있다.

농림부 계획이 순조롭게 진행된다면 2008년까지 총 233억 원이 투입돼 복제 한우 암소 10만 마리가 등장할 전망이다. 자연산 한우 암소 100만 마리의 10% 수준이다. 이것은 현재 세계적으로 유례를 찾아볼 수 없는 거대한 규모다.

실패율 높아 계획에 차질

농림부가 전격적으로 복제에 나선 이유는 내년 쇠고기 수입 시장이 완전히 개방되는 일에 장기적으로 대비하기 위해서다. 한우가 외국의 저렴한 쇠고기에 대항해 살아남으려면 품질을 높이는 수밖에 없다. 농림부는 이를 획기적으로 실현시킬 방법으로 복제 기술을 선택한 것이다. 고품종의 한우에서 세포를 얻고, 이를 속이 빈 난자와 결합시켜 복제 수정란을 대량으로 만들어내면 고품종의 복제 한우가 수두룩하게 탄생할 수 있기 때문이다.

사실 복제 소 얘기는 우리에게 이미 낯설지 않다. 1999년 2월 서울대학교 수의학과 황우석 교수가 한국 최초(세계 다섯 번째)로 복제 젖소 영롱이를 만든 이후 여러 차례에 걸쳐 국내에서 복제 동물이 탄생했다는 소식이 언론을 통해 보도됐다. 같은 해 3월 황우석 교수에 의해 복제 한우 진이가, 12월에는 농촌진흥청 축산기술연구소에서 두 번째 복제 한우 새빛이 태어났다. 또 2000년 2월 전남 나주의 동신대학교 동물복제연구소가 지방에서는 처음으로 복제 젖소 수정란을 어미 젖소 2마리의 자궁에 무사히 착상시켰다고 밝혔다. 3월에는 황우석 교수가 국내 최초로 수컷 복제 소를 탄생시키는데 성공했다(이전까지의 복제 소는 모두 암컷이었다). 물론 모두 보통의 소에 비해 우유 생산량이나 고기의 품질 면에서 몇 배 뛰어난 능력을 지닌 것으로 기대되는 개체들이다.

그런데 언론에 보도된 것보다 실제로 복제된 소는 훨씬 많다. 2000년 한 인터뷰에서 황 교수는 "현재 복제 수정란이 이식된 소가 450마리 정도이며, 이미 태어난 복제 소는 50여 마리에 이른다"고 말한다. 태어난 젖소와 한우의 비율은 대략 2 : 1 정도다. 일반인이 의식하지 못하는 동안 전국의 목장에서는 상당수의 복제 소가 태어났고, 앞으로도 태어날 예정이라는 뜻이다. 당시 황 교수는 "원래 올해 2,000여 마리의 암소에 복제 수정란을 이식할 계획이었다"고 밝혔다.

농림부가 '가축복제연구센터'를 설립한 것은 이런 최근의 추세를 정부 차원에서 공식화시킨 것이다. 황우석 교수가 개발해 온 복제 기술의 노하우와 축산업계의 자궁 이식술을 결합해 대대적인 복제 사업을 벌이는 데 정부가 지원을 아끼지 않겠다는 의미다. 인력과 기술을 집중적으로 개발하면 현재 10마리 가운데 1마리 정도만 무사히 태어나는 수준을 훨씬 뛰어넘어 40%의 성공률을 달성하겠다는 야심 찬 계획도 여기에 포함돼 있다. 동신대학교를 비롯한 전국 7개 대학의 연구팀 역시 본격적인 연구에 나설 채비를 갖추고 있었다. 복제 수정란을 분양하는 대상은 전국의 축산 농가다. 농림부는 우선 축산기술연구소 남원지소를 복제 소 전용 목장으로 시범 지정해 운영하고, 그 성과를 널리 홍보해 전국의 농가에 복제 수정란을 보급할 계획이다.

하지만 2004년 현재 이 계획은 무산된 듯하다. 무엇보다 복제 소를 만드는 기술의 성공률이 좀처럼 높아지지 않았다. 황 교수에 따르면 일반적으로 복제 수정란을 자궁에 착상시킬 때 실패율이 90~95%에 이르며, 성공적으로 착상된 복제 배아 중에서 출산 뒤까지 정상적으로 자란 동물은 25%에 불과하다. 소의 경우 자궁에 성공적으로 착상된 150여 복제 배아 가운데 33%가 유산됐다고 한다. 설사 출산됐다 해도 태어난 지 한달이 못 돼 죽는 '급사 증후군'도 22%에 달했다.

그러나 정작 중요한 것은 복제 동물의 성공률이 아니다. 한우의 최종 소비자, 즉 일반 국민이 과연 복제 쇠고기를 어떻게 볼 것인가의 문제다. 대량으로 생산됐기 때문에 한우의 가격은 현재보다 저렴해질 가능성이 크다. 하지만 값이 싸다고 해서 소비자가 무조건 택할 리가 없다. 복제 쇠고기가 일반 쇠고기에 비해 별다른 차이가 없는 것인지, 즉 사람 건강에 별다른 영향을 미치는 것은 아닐지에 대한 검증이 이뤄져야 안심하고 먹을 수 있다.

이런 우려에 대해 복제 소 생산을 추진하는 과학자들은 대체로 '나쁜 영향이 없다'는 입장이다. 1999년말 복제 소 새빛을 출산시킨 축산기술연구소의 장원경 박사는 "복제된 소가 일반적인 쌍둥이 소와 다를 바가 없다"고 말하고 "유전 형질을 변화시킨 경우가 아니므로 먹는 데는 아무런 문제가 없다"고 설명한다. 어미의 체세포 하나를 떼어내 만들었을 뿐 외래 유전자를 넣은 것이 아니기 때문에 보통 소와 다르지 않다는 것이다.

식용에서 의료용으로 전환

그러나 현재 필요한 것은 낙관적 예측이 아니라 과학적 검증이다. 최초의 복제 양 돌리의 몸이 정상 동료에 비해 늙은 것이 아니냐는 의문이 아직 말끔히 해소되지 않은 상태다. 그렇다면 복제 동물이 노화에 따른 질병에 걸릴 확률이 커질 수 있다. 이런 상황에서 난치병을 치료할 의료용이라면 몰라도 굳이 식용을 목적으로 대대적으로 사업을 진행할 필요가 있느냐는 지적이 만만치 않다.

　그래서인지 최근 한국 복제 동물 연구자들은 '식용'에서 '의료용'으로 눈길을 돌리고 있는 분위기다. 대표적으로 값비싼 단백질 의약품을 젖이나 오줌에서 생산하는 유전자 변형 동물의 복제, 그리고 장기 이식용 돼지 복제 연구가 활발하다.

　만일 정부의 원래 계획이 순조롭게 진행됐다면 우리는 이미 복제 쇠고기를 식탁에서 만나고 있었을지 모른다. 이런 상황을 오지 않게 만든 것이 복제 동물 생산 성공률이 낮은 탓이었다니, 이 분야만큼은 과학 기술의 진보가 더딘 것이 오히려 다행스러운 일이었을까.

>>> 인간 배아 복제, 허용할 것인가

1 한국 황우석 교수 연구팀 세계 최초로 실험 성공

2004년 2월 12일(미국 시간) 미국의 과학 전문지 《사이언스》는 서울대 황우석·문신용 교수 연구팀이 미국 과학자들과 공동으로 여성의 난자에 체세포 핵을 이식하는 방법으로 복제 배아를 만들고 이로부터 줄기세포를 얻는 데 성공했다고 밝혔다. 《사이언스》의 도널드 케네디 편집장은 "이번 연구는 퇴행성 질환으로 고통받는 수많은 환자들에게 희망을 주는 것"이라고 평가했다.

발표 이후 전세계 유력한 언론들의 집중적인 관심이 쏟아졌다. 미국의 《뉴욕타임스》는 12일 1면과 메트로면에 걸쳐 황 교수팀의 연구 내용을 자세히 소개하면서 "파킨슨병, 당뇨병 환자들이 기다려왔던 이른바 치료 복제의 시작을 알리는 신호탄"이라고 평가했다. 또 영국의 BBC 방송 인터넷판은 "한국 과학자들이 가장 진보된 인간 배아 복제를 성공시켰다"고 보도했으며 시사경제주간지

《이코노미스트》는 "지난 수십 년 간 인간을 복제했다는 엉터리 주장 끝에 한국에서 진정한 과학적 진보를 이뤄냈다"고 찬사를 보냈다. 인간 배아 복제란 무엇일까. 과학자들은 왜 인간 배아 복제에 매달려왔을까.

건강한 세포를 이식

복제 양 돌리가 탄생한 이후 복제라는 말은 사람들에게 매우 익숙한 단어로 자리잡았다. 돌리는 정자와 난자가 수정해 태어난 양이 아니다. 암양한테서 얻은 난자에서 핵을 제거하고, 여기에 다른 암양의 젖세포 하나를 결합시켜 '새로운 형태의 수정란'을 만들었다. 이를 대리모의 자궁에 이식한 후 임신 기간을 거쳐 태어난 개체가 돌리다.

인간 복제란 바로 돌리가 태어난 원리를 인간에게 똑같이 적용시킨 개념이다. 양 대신 인간의 난자와 체세포를 사용한다는 점만이 다르다. 그렇다면 인간 배아 복제란 무엇일까. 배아(embryo)는 흔히 임신 2개월까지의 초기 생명체를 일컫는 말이다. 인간 배아 복제는 돌리의 경우와 같은 방식으로 인간을 복제한 후 이것을 초기 배아 단계(보통 수정 후 4~5일 정도)까지만 기른다는 의미다. 말을 잘못 해석하면 '인간의 배아를 복제한다'는 개념으로 받아들이기 쉽다.

1998년 12월 국내 경희의료원에서 인간의 체세포를 복제해 4세포기까지 발달시켰다고 주장함으로써 사회적인 논란을 일으킨 적이 있었다. 바로 이것이 인간 배아 복제를 시도한 일이었다.

현재 대부분의 과학자들은 복제 인간을 태어나게 하는 일은 반대한다. 윤리적으로 많은 파장을 일으키는 문제이기 때문이다.

하지만 인간 배아 복제에 대해서는 찬성하는 입장을 표명하는 과학자가 적지 않다. 난치병 치료에 중요한 해결책을 마련해줄 수 있기 때문이다. 이 입장을 이해하기 위해 일단 복제 문제를 접어두고 인간의 배아가 의료적으로 어떤 의미를 가지는지 살펴보자.

몸에 병이 들었다는 말은 어떤 장기의 세포가 손상됐다는 의미다. 이를 고치려면 손상된 부위에 건강한 세포가 자라나게 하면 된다. 그러나 이 일은 웬만해서는 자연적으로 일어나지 않는다. 현대 의학은 수술과 첨단의 의약 제품을 통해 장기의 기능을 회복시키려 하지만 질환의 원인조차 제대로 밝히지 못하는 난치병들이 수두룩한 게 현실이다.

새로운 대안의 하나로 아예 건강한 세포를 질환 부위에 이식하는 방법이 있다. 예를 들어 췌장의 기능이 떨어져 당뇨병에 걸린 사람에게 건강한 췌장 세포를 이식하면 되지 않겠는가. 알츠하이머 치매나 각종 암의 경우에도 해당 장기를 구성하는 건강한 세포를 이식한다면 난치병 극복의 시간은 훨씬 앞당겨질 것이다.

하지만 커다란 걸림돌이 있다. 건강한 세포를 어디서 구할 수 있는지의 문제다. 이때 과학자들이 문제 해결의 가능성을 발견한 대상이 바로 배아다. 배아는 완전한 개체로 자라날 수 있는 잠재력을 가지고 있다. 따라서 실험실에서 잘만 배양하면 인체를 구성하는 210여 개의 장기로 발달할 각종 세포를 얻을 수 있다.

그렇다면 배아는 어디서 얻을 수 있을까. 불임 클리닉이다. 시험관에서 인공적으로 수정란을 만들고 며칠 간 발달시킨 후 이것을 자궁에 이식하는 일이 불임 클리닉의 주요 업무의 하나다. 그런데 임신 성공률을 높이기 위해 수정란은 항상 넉넉한 수로 준비된다. 따라서 일단 임신에 성공하면 여분의 수정란은 불임 부부에게 쓸모가 없어지므로, 불임 클리닉에서 이것을 보관한다. 이 여분의 수정란은 폐기되거나 불임 부부의 동의 아래 실험용으로 사용되곤 한다.

복제의 필요성

하지만 이런 방식으로 얻은 배아는 수많은 난치병 환자를 치료하기에 수가 턱없이 부족하다. 따라서 배아를 시험관에서 대량으로 배양하는 일이 필요하다.

원리는 간단하다. 수정란이 4~5일 정도 지나면 100~200개의 세포로 이뤄진 배반포기 상태가 된다. 안쪽 윗부분에 세포덩어리(inner cell mass)가 있고, 아랫부분은 비어 있는 형태다. 세포덩어리를 둘러싼 영양아층은 나중에 태반으로 자라날 곳이다.

이 가운데 장차 각종 장기로 발달할 부분은 바로 세포덩어리다. 이를 조심스럽게 통째로 떼어낸 후 특수한 배양액에 넣는다. 여기서 중요한 점은 세포들이 근육이나 신경과 같은 조직으로 분화해서는 안 된다는 점이다. 하나의 배아에서 수천 개의 배아를 얻기 위해서는 조직으로 분화되지 않으면서 분열만 거듭하는 조건을 만들어줘야 한다.

만일 충분한 수의 배아로 분열됐다면 이 가운데 일부를 다시 새로운 배양액에 넣는다. 이번에는 근육이나 신경으로 분화하도록 유도하기 위해서다. 이처럼 분열과 분화 모두를 수행할 수 있는 배아 세포를 가리켜 생물학에서는 배아줄기세포(embryo stem cell)라고 부른다. 몸의 모든 조직을 형성하는 근간에 해당한다는 의미에서 붙여진 이름이다.

줄기세포(stem cell)란 인간의 모든 장기로 분화될 수 있는 만능 세포다. 예를 들어 치매에 걸린 환자에게 줄기세포를 이식하면 손상된 뇌 부위에서 건강한 세포가 자란다. 같은 원리를 이용해 당뇨병, 파킨슨씨 병, 간질환, 심장병 등 각종 난치병 치료는 물론 손상된 망막 재생까지 가능하다고 알려졌다.

줄기세포는 신약이 개발됐을 때 그 효능을 점칠 수 있는 샘플로도 사용된다. 시험관에서 인간의 줄기세포를 간이나 심장 세포로 발달시킨 후 신약을 투여해 약효를 확인할 수 있어 동물 실험을 거치는 번거로움이 사라진다. 이런 장점 때문에 향후 5~10년 내 줄기세포와 관련한 세계 시장은 3,000억 달러에 달한다고 점쳐진다.

1998년 미국 위스콘신 대학교 발달생물학자 제임스 톰슨 박사와 존스 홉킨스 대학교의 존 기어하트 박사는 세계 최초로 인간의 줄기세포를 배양하는 데 성공했다. 이들은 시험관에서 분리한 약 20개의 줄기세포가 신경, 피부, 근육, 연골 등으로 분화되는 것을 확인했다. 그리고 1999년 1월 미국 상원 청문회에서는 국립보건원(NIH)의 원장이 27세의 파킨슨병 환자와 7세의 인슐린 결핍 소아당뇨 환자를 대상으로 배아줄기세포를 이용한 임상 치료를 허용해

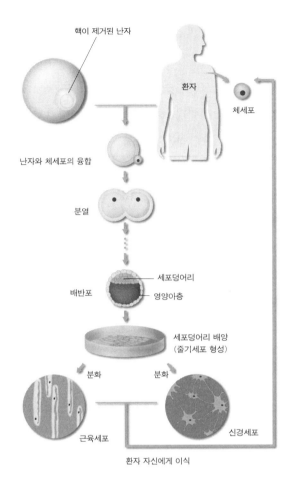

핵이 제거된 난자

환자

체세포

난자와 체세포의 융합

분열

세포덩어리

배반포

영양아층

세포덩어리 배양
(줄기세포 형성)

분화

분화

근육세포

신경세포

환자 자신에게 이식

인간 배아 복제의 과정

환자의 몸에서 체세포를 하나 떼어낸 뒤 이것을 핵이 제거된 난자와 융합시킨다. 이 '새로운 형태의 수
정란'이 분열을 거듭하다 배반포기에 이르면, 장차 태아로 자랄 부분인 안쪽의 세포덩어리를 떼어내 배
양한다. 이 가운데 분열을 거듭하다 적절한 처리에 의해 조직으로 분화될 수 있는 세포를 가리켜 줄기세
포라 부른다. 줄기세포가 근육이나 신경과 같이 특정 신체 부위로 자라면 이것을 환자 자신에게 다시 이
식한다.

달라고 청원을 올렸다.

　그런데 같은 날 또 다른 흥미로운 발표가 보도되었다. 복제 양 돌리를 탄생시킨 영국 로슬린 연구소의 월머트 박사도 줄기세포를 배양하겠다고 선언한 것이다. 하지만 중요한 차이점이 있었다. 월머트 박사는 복제를 통해 얻은 배아를 사용해 줄기세포를 얻겠다고 말했다. 바로 '인간 배아 복제'의 개념이다.

　줄기세포가 치료를 위해 아무리 좋은 재료라 해도 다른 사람의 세포는 면역적으로 거부 반응을 일으킨다. 따라서 간염 환자의 경우 자신의 간세포를 얻어 이식하는 것이 가장 좋다. 그런데 어디서 자신의 간세포를 얻을 수 있을까. 복제 기술이 이를 실현시킬 수 있다. 즉 환자 자신의 체세포 하나를 떼어내 핵이 제거된 난자와 결합시킨 후 잘 배양하면 배반포기까지 자랄 수 있다. 여기서 줄기세포를 얻고 이 가운데 간으로 자라날 세포를 골라내면, 면역 거부 반응이 없는 훌륭한 치료가 가능해진다. 인간 배아 복제가 의료용으로 사용되는 핵심 내용이 여기에 있다.

황우석 교수팀의 실험 과정

연구진은 자원 여성 16명에게 배아 복제와 줄기세포 연구에 이용된다는 것을 미리 주지시킨 뒤 한 명당 한두 개씩 모두 242개의 난자를 채취했다. 이 가운데 176개를 대상으로 난소를 둘러싸고 있는 난구세포의 핵을 이식(복제)해 30개의 배아를 배반포기까지 배양하는 데 성공했다. 연구진은 세포덩어리 20개를 얻어 최종적으로 1

개의 줄기세포주(株)를 확립했다. 세포주란 몇 차례 분열하면 죽는 보통의 세포와 달리 영원히 분열하도록 만든 세포를 말한다. 분석 결과 이 줄기세포는 기능 면에서 정상적인 배아줄기세포와 차이가 나지 않았다. 또 특정 조건에서 줄기세포의 일부를 신경세포로 분화시키는 데도 성공했다.

황 교수는 "이번 연구는 기존의 인간 배아 복제 방법과 여러 면에서 차이가 난다"고 설명했다. 일례로 소를 복제하는 경우 미세유리관을 난자에 찔러 넣어 핵을 제거하는데, 이 방법을 사람의 난자에 적용하면 유리관과 난자가 달라붙어 제대로 조작할 수 없다. 황 교수팀은 난자에 미세한 구멍을 내고 압력을 가해 오렌지를 짜듯 핵을 뽑아냈다.

이번 연구는 정보통신부 'IMT-2000 출연금'과 과학기술부 세포응용연구 프론티어사업단(단장 서울대 의대 문신용 교수)의 지원을 받아 2003년 2월부터 5월까지 진행됐다.

황 교수는 "복제에 필요한 재료인 체세포와 난자 두 가지를 같은 여성에게서 채취했다는 점이 특이하다"며 "앞으로 남성의 경우에는 어떤 체세포를 이용해야 복제 성공률을 높일 수 있는지 연구할 계획"이라고 밝혔다. 또 "복제된 배아에서 줄기세포주를 얻을 가능성이 일반 배아의 경우보다 작아 좀더 연구가 필요하다"고 덧붙였다.

2 인간 배아 복제에 대한 윤리적 비판

황우석 교수팀의 실험 성공 소식이 전해지자 '찬사' 못지않게 '우려'의 목소리도 세계적으로 높았다. 윤리 문제 때문이다. 배아 역시 생명체이기 때문에 실험용으로 다뤄서는 안 된다는 인식, 그리고 복제 배아를 여성의 자궁에 착상시키면 복제 인간이 탄생할 수 있다는 우려다.

배아는 생명체

특히 가톨릭계는 한국 연구진의 실험 보도에 일제히 비판적 시각을 보였다. 교황의 생명 윤리 자문을 맡고 있는 엘리로 스그레치아 주교는 13일(현지 시간) 바티칸 라디오 방송과의 대담에서 "인간 배아 복제는 자연에 반하며 치료 목적으로 사용하기 위해 복제한 배아를 버린다는 것이 윤리적 관점에서 문제"라고 주장했다.

　이 밖에 이탈리아 주교회의와 프랑스의 가톨릭계 일간지, 미국과 독일의 일부 고위 성직자들도 한국 연구진의 발표에 일제히 깊은 우려를 표시하고 나섰다. 일례로 미국 가톨릭교회 친생명운동주교위원회를 이끌고 있는 윌리엄 킬러 주교는 한국 연구진이 과학적 성과를 위해 인간 배아를 만들고 파괴한 것은 "도덕적 후퇴의 한 조짐"이라고 비난했다. 그는 "한국 과학자들이 242개의 난자를 얻기 위해 16명의 여성에게 해로운 촉진제를 투여했다는 사실도 심히 개탄스럽다"면서 "이들 여성은 난자 생산 공장으로, 이들의 배아는 실험 대상으로 이용됐을 뿐"이라고 주장했다.

한국에서도 비판이 일었다. 2003년 12월 29일 국회 본회의를 통과한 '생명 윤리 및 안전에 관한 법률'에 따르면 인간 배아 복제 실험의 허용 여부는 '난치병 치료용 연구'에 한해서 국가생명윤리심의위원회의 심의를 거쳐 대통령령으로 정하도록 규정돼 있다. 하지만 심의위원회 구성 등 세부적인 시행령은 법률이 통과된 지 일 년 뒤에야 정해지기 때문에 당시로서는 황 교수팀의 실험을 법의 잣대로 판단할 수 없는 실정이었다.

참여연대 시민과학센터는 '생명윤리법 논란 속 배아 복제 연구 무리하게 강행'이라는 제목의 성명서를 내고 "국내에서 법 제정 논란이 활발히 벌어지고 있는 사안에 대해 정부와 연구자가 무책임하게 연구를 진행시켰다"며 "세계 모든 국가에서 윤리적인 논란 때문에 신중히 고려하는 분위기"라고 말했다.

황 교수팀은 2월 12일 공식 기자 회견을 통해 "한양대 임상시험 윤리위원회와 세포응용연구사업단의 자체 윤리위원회의 검토를 거쳐 실험을 진행했다"고 밝혔다. 이것에 대해 가톨릭대 세포유전자치료연구소 오일환 소장은 "외국에서는 난자 하나에 대한 실험에도 국가가 철저히 관리 감독하고 있다"며 "이번에 사용된 242개의 난자가 어떻게 관리됐는지 관련 연구팀 외에는 알 수 없는 상황"이라고 지적했다.

한국 시민의 활발한 논의

사실 한국에서 인간 배아 복제에 대한 찬반 논란이 활발하게 진행된 적이 있었다. 1999년 9월 13일 오전 10시 연세대학교 치과대학병원에서 시민 16명은 "1997년 복제 양 돌리가 탄생하면서 이제는 마음만 먹으면 복제 인간의 등장조차 시간 문제라는 말까지 나오고 있는 게 현실"이라고 말하고 "인간 복제를 시도하는 것은 물론 인간 배아 복제도 엄격히 금지해야 한다"고 주장했다.

시민 16명은 유네스코 한국위원회 주최로 열린 '생명복제기술합의회의'의 주인공들이었다. 유네스코 한국위원회는 1998년에 이어 두 번째로 사회적으로 논쟁이 벌어지는 사안에 대해 시민들의 합의를 도출해내는 합의회의를 개최했다. 1999년의 주제로 선정된 생명 복제 기술에 대해 시민들은 두 차례의 예비 모임과 9월 10일부터 3박 4일에 걸친 본 행사를 통해 전문가들에게 강의를 듣고 자체 토론을 거쳐 합의점에 도달했다.

그런데 합의 내용에 대한 사회적 반응은 크게 엇갈렸다. 시민·사회 단체들이 '전적으로 환영한다'는 입장을 밝힌 반면 생명 복제 관련 전문가들은 "난치병 치료를 위한 기초 연구를 막을 위험이 있다"며 심각한 우려를 표시했다. 또 "시민들의 합의 결과는 복제와 아무런 상관이 없는 불임 치료마저 전면 부정하는 상황을 만들었다"며 난색을 표한 전문가도 있었다. 이런 견해 차이의 핵심은 바로 배아를 생명체로 볼 것인지 여부와 관련돼 있다.

1999년 6월 14일 미국《위싱턴포스트》인터넷판에서는 두 생명공학 회사가 인간 배아 복제를 시도하고 있다고 보도되었다. 화제의 주인공은 제론 사와 어드벤스드 셀 테크놀로지(ACT) 사. 제론 사는 영국 로슬린 연구소의 윌머트 박사와 함께 연구를 진행하고 있어 주목을 받아왔다. 또 ACT 사는 1998년 11월 인간의 체세포와 소의 난자를 결합시켜 '키메라 배아'를 만든 후 꾸준히 비슷한 실험을 지속하고 있다

ACT 사는 왜 끔찍하게 느껴지는 '키메라 배아'를 만들었을까. 인간의 난자가 아닌 소의 난자를 사용한 이유는 무엇일까. 아이러니컬하게도 윤리 문제 때문이다. 인간의 난자를 불임 클리닉용 시험관 아기를 만드는 일 외의 용도로 실험을 하는 행위는 사회적으로 규제를 받는다. 화제의 주인공인 시벨리 박사는 바로 사회적인 비판을 최소화시키는 방편으로 소의 난자를 사용한 것이다. 그는 이 키메라 배아가 32세포기 단계까지 분열된다는 점을 확인하고 폐기시켰다.

제론 사와 ACT 사는 그동안 생명 복제 기술에 큰 관심을 표명하고 많은 실험을 수행해왔기 때문에 이들이 인간 배아 복제를 시도하고 있는 것은 그리 놀랄 일이 아니었다. 또 이들이 이미 상당한 기술 수준을 갖췄다는 점은 관련 학자들이 대부분 인정하는 사실이다.

그러나 다음날 제론 사는 "실험 재료는 동물의 난자와 세포일 뿐이고, 인간 배아 복제를 시도한 적도 그럴 의도도 없다"며 보도 내용을 즉각 부인했다. 왜 그랬을까. 물론 윤리 문제 때문이다.

인간 배아 복제를 반대하는 사람들은 인간의 배아 역시 엄연한

생명체라고 주장한다. 그렇다면 배아에서 세포덩어리를 떼어내 줄기세포를 만드는 과정은 생명체를 함부로 조작하는 것이 아닌가. 이 실험을 위해 수많은 생명체(배아)가 폐기되는 일은 살인 행위가 아닌가.

더욱이 인간 배아 복제는 단지 배아 단계에서 실험이 그치는 것이 아니라 인간 개체 복제로 이어질 가능성이 있다. 즉 누군가가 복제된 배아를 대리모의 자궁에 이식하는 실험이 진행된다면 복제 양 돌리와 마찬가지로 '복제 인간 아무개'가 등장할 수 있다.

굳이 배아가 아니더라도 배아에서 떼어내 길러낸 줄기세포 역시 비슷한 문제를 야기할 수 있다. 동물의 경우 줄기세포는 '특정한 장기로 분화될 수 있는 능력을 갖춘 동시에 완전한 개체로 자랄 수 있는 세포'라고 정의된다. 즉 놀랍게도 줄기세포 하나만으로 자궁에 이식했을 때 개체로 자라날 수 있다는 말이다.

물론 인간의 줄기세포가 이런 능력을 갖췄는지는 불분명하다. 복제 인간을 만드는 일은 세계적으로 금지되는 분위기 때문에 이런 실험을 할 수 없었다. 현재 연구자들은 각 줄기세포가 특정 장기로 자라나는 데만 초점을 두고 있다.

하지만 인간의 줄기세포도 동물의 경우와 마찬가지로 완전한 개체로 발달할 수 있다면 새로운 윤리 문제가 발생한다. 실험실에서 배양될 수많은 줄기세포 하나하나를 모두 생명체로 볼 수 있기 때문이다.

생명의 시작에 대한 다른 견해

이런 비판적인 의견에 대해 관련 연구자들은 대체로 '수정 후 14일 까지의 배아는 실험용으로 사용하도록 허가해야 한다'는 입장이다. 왜 14일일까. 이때에 이르러서야 배아의 각 세포는 몸의 어떤 부위로 자랄지 명확하게 결정되기 때문이다. 특히 일부가 척추로 자라날 원시선(primitive streak)이 뚜렷이 드러나는 게 이 시기다. 따라서 14일 이전까지의 배아는 엄격한 의미에서 생명체라 말하기 어려우며, 난치병 치료와 같은 의학적 목적으로 인간 배아 복제 실험을 수행해야 한다는 주장이다. 또 인간을 완전한 개체로 자라나게 하는 일은 법으로 엄격히 규제하면 문제가 해결될 수 있다. 가능하면 윤리 문제를 일으키지 않으면서 난치병에 시달리는 수많은 환자를 치료하려는 과학자들의 고뇌가 엿보이는 대목이다.

국내 합의회의에서 시민들이 인간 배아 복제 불가 판정을 내린 것은 이런 복잡한 배경 속에서 진행됐다. 시민들 스스로 표현했듯 '수많은 토론과 조정의 산고를 거치면서 5번 이상의 수정 과정을 통해' 어려운 결정을 내렸다. 16명 가운데 14명이 동의한 내용이었다. 시민의 목소리를 직접 들어보자.

"인간 배아 복제는 현재 치료 기술이 제대로 개발되지 않은 백혈병, 파킨슨병, 당뇨병 등의 세포성 질병 치유의 가능성을 열어주고 있다고 본다. … 그러나 수정란이 형성된 직후부터 생명으로 보아야 한다는 점과 생명 복제 기술이 일부 국가와 산업계의 의도에 따라 일방적으로 개발되고 있다는 점, 그리고 윤리적·기술적인 불확실성과 위험이 아직 완전히 해결되지 않았다는 점에서 이런 결론을 내렸다."

시민들의 합의 내용은 당시 영국 정부가 내린 결론과 유사했다. 1999년 6월 24일 영국 정부는 모든 의학적 연구 활동에 대해 인간 배아 복제 행위를 금지시켰다. 당초 영국 정부는 아기를 탄생시키기 위한 복제는 계속 금지하면서 질병 치료를 위한 인간 배아 복제는 최대 14일 후 폐기하는 조건으로 계속 허용해야 한다는 전문가들의 권고를 따를 것으로 예상됐다. 테사 조웰 보건장관은 "이 기술의 혜택과 위험을 입증하기 위해 더 많은 증거가 필요하다"며 반대 이유를 밝혔다(이후 영국 하원은 2000년 12월 인간 배아 복제를 심사 대상으로 삼는 법안을 통과시켰다. 즉 기존의 상황과 달리 인간 배아 복제를 허용할 수 있는 여지가 마련됐다).

하지만 이번 합의 내용은 현실적으로 한 가지 딜레마를 낳았다. 시민들은 복제에 초점을 맞춰 논의를 진행했고, 인간 개체 복제는 물론 인간 배아 복제 역시 엄격히 금지해야 한다고 결론을 내렸다(동물 복제 역시 금지해야 한다는 의견도 적지 않았다).

그런데 인간 배아에 대한 연구는 복제 기술이 소개되기 이전부터 세계적으로 각 불임 클리닉에서 행해지고 있었다. 물론 주된 목적은 불임 치료를 위한 것이다. 한 예로 1978년 영국에서 시험관 아기 시술로 루이스 브라운이 태어난 지 26년이 지난 지금까지 30만여 명의 시험관 아기가 탄생했다. 인간 배아에 대한 연구를 수행해온 불임 클리닉의 혜택을 본 사람들이다.

만일 시민들의 합의 내용을 확대 해석하면 불임 치료를 비롯해 현재 행해지는 배아에 대한 연구 자체를 반대한다는 의미가 된다. 인간 배아 복제를 반대하는 주된 이유가 '배아 역시 생명체'라고 보기 때문이다. 그렇다면 복제술이 적용되지 않은 채 인간의 배아를 연구하는 일은 과연 금지되어야 하는가. 이번 합의회의는 결과적으로 현실적으로 풀어야 할 또 다른 난제를 제시한 셈이다.

과학 기술 결정 과정에 시민이 참여해야

오랫동안 국내에서는 과학 기술의 영역에서 어떤 실험이 행해지고 있는지, 그 여파가 무엇인지에 대해 사회적인 검토가 이뤄지지 않았다. 한 예로 한국에서 복제 소가 탄생했을 때 정부와 관련 과학자들은 '환영'의 입장을 표했다. 언론과 방송도 대부분 한국의 과학 기술이 세계적인 수준으로 발돋움한 점에만 초점을 맞췄다. 하지만 정작 미래에 복제 소의 수요자가 될 대다수의 시민들은 복제 기술의 긍정적인 혜택과 부정적인 측면에 대해 충분히 생각할 기회가 없었다. 입장이 있다 해도 의견을 건의할 통로가 전혀 없는 게 현실이다.

합의회의는 이런 상황에서 과학 기술 정책을 결정하는 사람들에게 시민의 입장을 적극적으로 전달하는 통로를 마련하려는 시도다. 인간 배아 복제와 같이 사회적으로 민감한 사안에 대해 소수의 정책 결정가와 과학자 들이 일방적으로 결정짓는 일을 피하고, 시민의 입장에서 검토한 내용을 정책에 충분히 반영해야 한다는 의미다.

합의회의에 참가한 16명의 시민은 1999년 초 '시민패널공개모집'에 응한 88명의 지원자 가운데 선발된 보통 시민이었다. 생명공학에 대한 지식과 이해 관계가 없는 사람들이다. 시민들의 합의 내용은 과학기술부를 비롯한 정부 부처와 유네스코 국제생명윤리위원회 등에 보내질 예정이다. 합의회의에 참여한 시민들이 왜 '인간 배아 복제를 금지해야 한다'고 결정을 내렸는지, 이로부터 파생되는 새로운 문제는 무엇인지에 대해 모두가 진지하게 검토할 필요가 있다.

3 복제 배아에서 얻은 줄기세포 만능일까

2003년 돌리의 사망 소식이 전해지자 대부분의 여론은 복제 동물과 복제 인간의 안전성 문제에 초점을 맞추고 있다. 그러나 돌리의 죽음은 생명공학계에 또 하나의 중요한 문제를 제기했다. 바로 인간 배아 복제로부터 얻은 줄기세포의 안전성 문제다.

사실 인간 배아 복제는 모든 난치병에 효력을 발휘할 수 없다. 선천적으로 유전병을 앓는 환자의 경우 신체의 모든 세포는 유전적 결함을 안고 있다. 즉 환자 자신의 세포를 떼어내 복제할 경우 배아에서 얻은 줄기세포 역시 동일한 유전적 결함을 갖게 된다. 이런 세포로 병을 치료할 수는 없는 노릇이다.

따라서 인간 배아 복제는 후천적인 난치병에 시달리는 환자에게만 유용할 것으로 보인다. 그런데 돌리의 죽음으로 인해 이 부분에 대한 가능성 역시 도전을 받고 있다.

줄기세포가 노화하지 않았을까

돌리에게 핵을 제공한 엄마의 나이는 여섯 살. 즉 6년 동안 분화된 세포를 떼어내 복제를 수행했다는 의미다. 그렇다면 돌리의 탄생 초기인 수정란 상태는 정상적인 수정란에 비해 노화된 것이 아니겠는가. 만일 이 수정란을 배반포기까지 분화시킨 후 줄기세포를 추출할 경우, 그 줄기세포 역시 노화가 어느 정도 진행된 것이 아닐까.

2001년 과학기술부가 설립한 생명윤리자문위원회 위원으로 활동한 권혁찬 소장(매이저병원 의과학센터)은 복제 수정란에서 메틸기가 비정상적으로 많이 발견되는 점, 그리고 텔로미어를 만드는 효소가 정상인 경우에 비해 잘 발현되지 않는다는 점에 주목한다. 그는 "이런 사실들은 복제된 수정란이 이미 어느 정도 노화가 진행된 상태일 가능성이 크다는 점을 시사한다"며 "여기서 추출한 줄기세포 역시 분화가 진행됐을 것이므로 만능 세포의 역할을 제대로 수행할지는 미지수"라고 설명한다.

예를 들어 노인성 치매에 걸린 환자의 경우 몸의 세포는 상당 부분 노화됐을 것이다. 이 세포로 복제 배아를 만들어 줄기세포로 치료하는 일이 과연 적합한 일일까. 더욱이 수정란이 발달하는 과정에서 메틸기가 몸에서 암세포를 억제하는 유전자 부위에 붙는다면 더욱 심각한 상황이 벌어질 수 있다. 유전자의 발현을 억제하는 메틸기의 특성 때문에 뜻하지 않게 암에 쉽게 걸릴 수 있기 때문이다.

한편 가톨릭대 세포유전자치료연구소 오일환 소장은 안전성 문제 외에도 인간 배아 복제의 효율성이 떨어진다는 점을 지적한다. 그는 "현재의 기술 수준으로 볼 때 인간 배아 복제 실험이 성공하려면 최소한 500개의 난자가 필요하다"며 "여성 한 명이 일생 동안 자연적으로 배란하는 난자의 수가 300여 개에 불과한데, 그 많은 실험용 난자를 어디서 얻을 생각인지 알 수 없다"고 말한다.

물론 복제 배아에서 얻는 줄기세포의 안전성 문제에 대해 확실한 과학적 근거를 제시하기는 어렵다. 공식적인 연구 결과가 아직 나오지 않은 상황이다.

따라서 반론도 만만치 않다. 마리아병원 생명공학연구소 박세필 소장은 "최근의 우려는 돌리 하나의 사례를 지나치게 과장하는 면이 있다"고 주장한다. 그는 "돌리가 탄생한 지 이미 6년이 지났으며, 그사이에 세계적으로 복제 기술이 많이 발전했기 때문에 돌리의 결함을 복제 기술 자체의 결함으로 확대 해석하는 것은 곤란하다"고 말한다. 한 예로 미국의 어드밴스드 셀 테크놀로지(ACT) 사는 2000년 4월 28일 《사이언스》에서 연구팀이 복제한 소 여섯 마리의 경우 텔로미어가 오히려 길어졌으며, 겉으로 보기에도 더 젊어 보인다는 내용을 발표했다. 또 당시 연구를 주도한 로버트 란자 박사는 한 인터뷰에서 "이번 연구 결과는 수정란 단계에서 젊고 건강한 줄기세포를 얻을 수 있다는 점을 시사한다"고 주장하며 인간 배아 복제의 가능성에 낙관적인 입장을 표했다.

한국 생명윤리법에 던지는 의미

생명공학연구원 한용만 박사는 "인간 배아 복제가 현 단계에서 불완전할 수 있지만, 앞으로 과학기술의 진보에 의해 많은 한계들이 극복될 수 있지 않겠느냐"며 조심스럽게 미래를 점쳤다. 예를 들어 2002년 4월 5일 《셀》에 메사추세츠 공과대학(MIT)의 루돌프 재니시 박사가 발표한 내용이 주목할 만하다. 재니시 연구팀은 미리 면역성을 상실하도록 유전자 조작을 가한 생쥐를 대상으로 배아 복제 실험을 수행해 줄기세포를 추출했다. 이 줄기세포는 당연히 면역력을 갖추지 못한다. 그런데 연구팀은 이 줄기세포에 정상적인 면역 기능을 유발하는 유전자를 삽입하고, 이를 애초의 면역성 결핍 생쥐에 이식했다. 흥미롭게도 이 생쥐는 면역력을 갖추게 됐다.

한용만 박사는 "만일 이 실험이 인간에게 성공적으로 적용될 수 있다면 선천적인 유전병을 앓고 있는 환자의 경우 인간 배아 복제를 통해 새로운 치료 가능성을 가질 수 있다"고 전망한다. 이론적으로는 유전병 환자한테서 얻은 줄기세포에 유전자 치료를 가함으로써 결국 유전병을 극복할 수 있지 않겠느냐는 설명이다.

인간 배아 복제를 둘러싼 논란은 이미 수년 전부터 한국의 생명윤리법 제정을 둘러싸고 가열차게 지속돼 왔다. 2003년 12월 29일 국회에서 통과된 생명윤리법에 따르면 '난치병 치료용 연구'에 한해서 인간 배아 복제를 허용한다는 내용이 담겨 있다. 하지만 돌리의 사망을 바라보면서 과연 인간 배아 복제가 안전한지에 대해 곰곰이 생각할 필요가 있다.

권혁찬 소장은 "인간 배아 복제를 서둘러 허용할 것이 아니라, 동물 실험을 거쳐 안전성을 충분히 확보하는 것이 순서"라고 주장한다. 당장 난치병 극복이 눈앞에 다가온 것처럼 떠들썩하지만 기초 연구가 충분치 않은 상황에서 아직도 예측하기 어려운 위험이 많이 존재하기 때문이다. 돌리의 '부고'는 우리에게 탄생 때 못지 않은 충격과 파장을 던지고 있다.

4 줄기세포 얻는 또 다른 길

2000년 8월 9일
서울대 황우석 교수 인간배아복제 특허 출원 발표. 실험에 사용된 재료는 36세 한국인 남성 귀세포와 한 여성으로부터 얻은 난자. 인간의 체세포와 난자를 이용해 실험에 성공한 예로는 세계 최초.

8월 15일
미국 로버트 우드 존슨 의대 연구팀이 인간 골수에서 채취한 줄기세포의 80%를 신경세포로 전환시킨 실험이 《뉴욕타임스》에 보도. 이 신경세포를 쥐의 뇌와 척수에 주입한 결과 수개월 가까이 정상적으로 제 기능을 발휘.

8월 30일
마리아불임클리닉 기초의학연구소(소장 박세필) 냉동 배아에서 줄기세포를 배양하는 데 성공해 국내에서 특허 출원 발표. 인간 배아를 대상으로 한 실험으로는 세계 세 번째, 냉동 배아를 사용한 점에서 세계 최초.

2000년 8월 세계 난치병 환자에게 장밋빛 희망을 던진 세 가지 굵직한 사건이 터졌다. 이들의 공통된 연구 목적은 줄기세포를 얻는 것이다. 황우석 교수가 성공시킨 실험은 인간 배아 복제. 이에 비해 마리아불임클리닉의 실험은 상대적으로 윤리적인 비판을 적게 받는다. 수정 후 4~5일 된 배아가 사용된 점은 같다. 하지만 이들은 5년 이상 보존됐거나 환자와 연락이 안 돼 폐기될 처지인 냉동 배아였다. 당시까지 인간 배아줄기세포를 배양하는 데 성공한 사례는 1998년 미국과 오스트레일리아에서 각각 한 건씩 있었고 이들은 모두 냉동시키지 않은 '신선한(fresh)' 배아를 이용했다.

동년 8월 23일 미국 클린턴 전 대통령은 연방 정부 차원에서 폐기될 냉동 배아에 대한 연구를 지원하겠다고 밝혔다. 이때 허가를 받은 대상은 폐기될 처지의 냉동 배아였다. 마리아불임클리닉은 미국 정부가 허가한 항목에 대해 최초로 특허를 출원한 셈이다.

하지만 줄기세포가 환자 본인에게서 만들어진 것이 아니기 때문에 이것을 이식받은 환자는 평생 면역거부억제제를 투여해야 할지 모른다. 이에 대해 박 소장은 "마치 골수은행처럼 다양한 줄기세포를 모은 은행을 만들면 면역 거부 문제를 최소화시킬 수 있을 것"이라고 설명했다. 물론 아무리 폐기될 처지인 냉동 배아라 해도 이것을 잘 녹여 자궁에 착상시키면 엄연히 하나의 생명체로 자랄 수 있다는 점에서 윤리적인 지적으로부터 완전히 자유롭지는 못하다.

면역 거부 반응과 윤리 문제 모두를 일으키지 않는 제3의 길은 없을까? 바로 8월 15일 보도된 미국 연구팀의 실험이 그 가능성을 제시하고 있다.

사용된 실험 재료는 성인의 골수에서 채취한 줄기세포다. 배아에 대한 어떤 연구도 허용하지 않는 로마 교황청이 성인의 골수, 췌장, 뇌 등에서 줄기세포를 찾는 실험에 대해서는 지지를 보내고 있다. 또 자신의 골수에서 줄기세포를 얻을 경우 면역 거부 반응도 없다. 환자 자신의 몸이 병을 치료할 수 있는 '약방'인 셈이다.

윤리 문제 없는 게 장점

최근에는 산모가 출산한 이후 남은 탯줄과 태반에서 줄기세포를 발견하는 연구가 주목받고 있다. 수정란이 산모의 자궁벽에 착상하면 탯줄과 태반이 형성되기 시작한다. 수정란이 계속 분열하는 동안 탯줄과 태반도 분열을 통해 자신의 모습을 갖추는 것이다. 이처럼 탯줄과 태반은 세포 분화가 왕성히 일어나는 조직이기 때문에 줄기세포를 적지 않게 포함하고 있다.

2003년 10월 29일 과학기술부는 21세기프런티어연구개발사업인 세포응용연구사업의 지원을 받아 가톨릭대 의대 세포유전자치료연구소장 오일환 교수팀이 탯줄혈액(제대혈)으로 성인 환자를 치료할 수 있는 방법을 세계 최초로 개발했다고 밝혔다.

제대혈은 적혈구, 백혈구, 혈소판 등 혈액세포를 만드는 조혈모세포를 갖고 있어 백혈병 등 혈액 질환과 악성 종양을 치유할 수 있는 유용한 재료로 인식돼왔다. 골수를 이식하는 경우에 비해 면역 거부 반응이 훨씬 적다는 게 장점. 하지만 수가 턱없이 부족했다. 탯줄 하나에서 얻을 수 있는 조혈모세포는 2~3억 개다. 성인에게 이식하려면 최소 4억 개가 필요하다. 따라서 제대혈은 주로 체중 30kg 이하인 소아 환자에게만 활용돼왔다.

미국 미네소타대학교 연구진은 두 개의 탯줄에서 얻은 혈액을 혼합함으로써 부족난을 해결하려 했다. 하지만 두 종류의 혈액세포가 서로 싸워서 하나만 살아남는 결과가 반복됐다.

오 교수팀은 탯줄에서 조혈모세포의 어머니 격인 중간엽줄기세포에서 해결점을 찾았다. 두 개의 탯줄에서 얻은 조혈모세포에 중간엽줄기세포를 섞었다. 이것을 면역력이 떨어진 생쥐에 이식하자 두 혈액이 싸우지 않고 공존했다. 어머니가 배다른 자식들의 다툼을 화해시킨 셈이다.

오 교수는 "이번 연구 성과로 성인의 골수 이식 치료에 큰 전환점이 마련될 것"이라며 "현재 가톨릭대 성모병원에 임상 시험을 신청한 상태"라고 밝혔다. 이 연구 결과는 세계적인 학술지 《블러드(Blood)》에 게재됐다. 복제된 인간 배아, 냉동된 배아, 그리고 성인 가운데 줄기세포를 확보할 수 있는 최선의 후보가 무엇일지 장담하기 어렵다. 다만 줄기세포가 수많은 난치병을 정복하는 시기를 성큼 앞당길 수 있다는 점은 분명하다.

시민이 참여하는 과학기술정책, 합의회의

합의회의(consensus conference)는 1980년대 후반 이후 유럽에서 새롭게 확산되고 있는 참여민주주의의 한 형태다. 과학 기술정책의 입안 과정에서 과학기술과는 동떨어진 보통 사람들의 견해를 적극적으로 반영시키는 게 목적이다.

합의회의는 1987년 덴마크에서 '농업과 산업에서의 유전공학의 적용'을 주제로 시작됐으며, 현재 많은 유럽의 나라들이 매년 1~2회의 합의회의를 개최한다. 최근에는 미국, 오스트레일리아, 뉴질랜드에서도 열리고 있으며, 일본의 경우 올해 처음으로 '유전자 치료'에 대한 문제를 안건으로 올려 행사를 치렀다. 국내에서는 1998년 열린 '유전자 조작 식품의 안전과 생명윤리'에 관한 행사가 첫 합의회의다.

시민 패널 보고서 서문

생명 복제 기술 합의회의
1999년 9월 10~13일, 연세대학교

다가온 21세기는 생명공학 기술이 주도하는 시대가 될 것이라고 한다. 우리 식탁에 유전자 조작 식품이 등장한 지 오래고, 동물의 복제는 이미 낯설지 않은 상황이 되었다. 특히 영국의 로슬린 연구소 윌머트 박사에 의해 그동안 불가능하다고 여겨진 체세포 복제 방식에 의한 복제양 돌리가 탄생하면서 이제는 마음만 먹으면 복제 인간의 등장조차 시간 문제라는 말까지 나오고 있는 현실이다. 이런 면에서 생명 복제 기술의 급속한 발전에 대해서 심각한 우려가 제기되고 사회적 논란이 벌어지는 것은 지극히 당연한 일이다.

현대 사회에서는 누구도 과학 기술의 영향력을 벗어나 살아갈 수 없다. 그러나 지금까지의 과학 기술과 시민의 관계는 일방적인 전달과 수동적인 수용 과정을 넘어서지 못했다고 본다. 따라서 우리는 지금부터라도 과학기술자와 시민 사이에서 진지하고 다양한 대화와 상호 작용이 더 많이 이뤄져야 한다고 믿는다. 시민들은 과학 기술의 영역에 대해 좀더 적극적으로 개입하고 정책 결정에 참여해야 하며, 과학 기술 종사자들은 과학 기술의 영향에 대한 사회적 책임감과 윤리 의식을 더욱 높여야 할 것이다.

우리 시민 패널 16명은 생명 복제 기술의 빠른 발전 속도에 비해 그에 대한 잠재적 위험의 대중적인 검토가 이뤄지지 못하고 있고, 허용 한계에 대한 사회적 합의와 법적 규제가 전혀 마련되지 못한 현실을 안타깝게 생각하면서 이번 합의회의에 참여했다.

우리가 이번 합의회의에서 생명 복제 기술의 논란과 관련된 전문가 패널의 강의를 듣고 수많은 토론과 조정의 산고를 거치면서 다섯 번 이상의 수정 과정을 통해 합의한 결론은, 현 단계에서 체세포 복제 기술을 이용한 인간 복제 시도는 물론이고 인간 배아 복제도 엄격히 금지해야 한다는 것이다.

물론 생명 복제 기술에 대해 전문적인 지식을 갖지 못한 사람들이 모여 두 번의 예비 모임과 3박 4일의 짧은 기간 동안 배우고 토론하면서 만들어진 이 보고서가 완벽한 것일 수 없다는 점을 인정한다. 그러나 우리는 이 보고서가 현재의 일반 시민들이 갖고 있는 건강한 시민 의식과 보통의 상식에 기반하여, 문제의 핵심을 비켜가지 않으면서 최선의 노력을 기울여 만들어낸 결과물임을 강조하고자 한다. 우리는 이번 합의회의의 성과물이 생명 복제 기술에 대한 사회적 논의에 보탬이 되고, 정책에 적극적으로 반영되기를 기대한다.

우리 시민 패널 모두는 지난해에 이어 뜻깊은 합의회의를 마련해준 유네스코 한국위원회와 조정위원, 전문가 패널, 프로젝트 책임자인 김환석 교수, 헌신적으로 회의 진행을 도와준 한재각 씨를 비롯한 모든 분들과 직접 찾아와서 우리를 격려해준 1차 합의회의 시민 패널, 특히 관심을 갖고 방청객으로 참여해주신 시민들과 언론인들에게 뜨거운 감사를 드린다.

1999년 9월 13일

시민 패널 주요 질문 및 세부 질문

1. 생명 복제 기술이란?

  1) 생명 복제 기술의 정의는?

  2) 생명 복제 기술의 내용은?

  3) 생명 복제 기술의 현황 및 기술 수준은?

2. 생명 복제 기술의 이점은 무엇인가? (동물 복제와 인간 복제를 구

분해서)

    1) 생명 복제 기술의 의학적, 의료적 이점은 무엇인가?

    2) 생명 복제 기술의 산업적 이점은 무엇인가?

    3) 이상의 이점을 취하기 위한 다른 대안은 없는가?

3. 생명 복제 기술의 문제점은 무엇인가? (기술 적용에 직접적으로
수반되는 문제점과 장기적인 문제점을 구분하여)

    1) 생명 복제 기술의 윤리적인 문제점은 무엇인가?

    2) 생명 복제 기술의 사회적인 문제점은 무엇인가?

    3) 생명 복제 기술의 환경적인 문제점은 무엇인가?

    4) 생명 복제 기술의 법적인 문제점은 무엇인가?

    5) 생명 복제 기술의 기술적 부작용은 없는가?

4. 생명의 출발점은?

    1) 종교적, 생물학적 측면에서 본 생명의 출발점은?

    2) 통합적 관점에서의 생명의 출발점을 정의하는 것은 가능한가?

    3) 생명의 출발점에 관한 사회적 합의는 가능한가?

5. 생명 복제 기술의 허용 한계는?

    1) 생명 복제 기술은 어디까지 허용해야 하는가? (동물 복제,
       인간 배아 복제, 인간 개체 복제의 각각의 경우에 대해서)

6. 생명 복제 기술의 경제적 이해 관계는?

    1) 생명 복제 기술의 경제적 가치는 어느 정도인가?

    2) 생명 복제 기술이 미래의 국가 경쟁력을 좌우하는가?

    3) 생명 복제 기술이 상업적으로 악용될 소지는 없는가?

    4) 생명 복제 기술에 특허를 부여하는 것은 바람직한가?

    5) 생명 복제 기술을 둘러싼 선후진국간의 경제적 이해 관계는?

7. 생명 복제 기술에 대한 국내외의 규제 동향은?

　　1) 생명 복제 기술 규제에 관한 국내 동향은? (생명공학육성법 개정안을 중심으로)

　　2) 생명 복제 기술 규제에 관한 국제 동향은?

　　3) 생명 복제 기술에 관한 국제적으로 통일된 규제의 필요성은?

8. 시민 참여의 필요성과 방안은?

　　1) 시민 참여가 왜 필요한가?

　　2) 국내외의 시민 참여 현황은?

　　3) 시민 참여의 방안은?

　　4) 시민 참여를 위한 국내외의 연대 방안은?

9. 과학자와 시민의 윤리는 무엇이고, 그것을 교육시킬 방안은?

　　1) 과학자들의 생명 윤리 함양 방안은 있는가?

　　2) 일반 시민들을 위한 생명 윤리 교육 방안은 무엇인가?

　　3) 과학기술 교육과 사회 윤리 교육의 통합의 필요성과 방안은? (학제간 교육의 필요성과 방안)

　　4) 생명 윤리 교육에서 언론의 역할은?

10. 생명 복제 기술에서 종교계의 역할은 무엇이어야 하는가?

　　1) 생명 복제 기술에 대한 각 종교계의 입장은? (가톨릭, 개신교, 불교)

　　2) 종교 단체가 압력 단체로 영향력을 미칠 수 있는가? 또는 윤리적 선도 기능을 가질 수 있는가?

　　3) 생명 존중 사상의 확산을 위한 종교계의 역할은?

　　4) 생명 복제 기술에 관한 비종교인 및 종교간 상호 대화의 필요성과 확대 방안은?

>>> 생명의 시작은 어디인가

1 수정, 정자와 난자가 만나는 순간
—— 유전자 결합하는 데 48시간

인간의 생명은 정자와 난자가 만나 수정란이 만들어지면서 시작된다. 수정은 아버지의 유전자와 어머니의 유전가가 결합함으로써 새로운 생명체의 발달이 시작되는 시점이다. 남성인지 여성인지 결정되는 것도 이 무렵이다.

하지만 수정은 어느 한순간에 이뤄지는 사건이 아니다. 정자가 난자와 만났다 할지라도 정자 속에 있는 유전자가 난자의 유전자와 결합하기까지는 약 48시간이 걸린다.

난자는 안쪽에서부터 세포막과 투명대에 둘러싸여 있다. 따라서 정자는 이 관문들을 무사히 거쳐야 비로소 난자 안으로 들어갈 수 있다. 수억 개의 동료 정자들 중 성공적으로 난자 주위에 도달하는 것은 수백여 개에 불과하다. 이 중 가장 빠르고 운이 좋은 정자 하

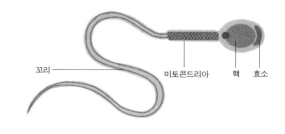

꼬리 ——— 미토콘드리아   핵   효소

사람 정자의 구조

머리 부위에 아버지의 유전 정보를 담은 핵이 있고, 그 앞에는 난자 세포막층을 녹일 수 있는 효소가 존재한다. 미토콘드리아는 정자가 운동하는 데 필요한 에너지를 공급한다.

나가 난자의 투명대층을 뚫고 들어가서 난자세포막에 도달한다. 이 때 즉시(1초 이내) 세포막에서 전기 반응이 일어나 다른 경쟁자들이 그 충격으로 난자막에서 떨어진다. 약 1분 후 투명대의 성분이 굳어져 더 이상 다른 정자의 접근을 막는다.

수정에 성공한 정자 유전자는 난자 유전자와 나란히 놓여 있다가 서서히 합쳐지기 시작한다. 유전적으로 독립된 하나의 생명체가 이뤄지는 순간이다.

이런 과정을 거치는 탓에 수정을 48시간 중 어느 시점으로 보아야 하는지에 대해 다소 의견이 엇갈린다. 정자와 난자가 만나는 순간으로 보아야 한다는 견해가 있는 한편, 두 유전자가 결합한 시점이 새로운 생명체의 시작이라고 보는 견해도 있다.

한편 정자와 난자는 생명체로 보아야 할까. 수정란은 자체적으로 세포 분열을 거듭하면서 독립된 생명체로 자라난다. 하지만 정

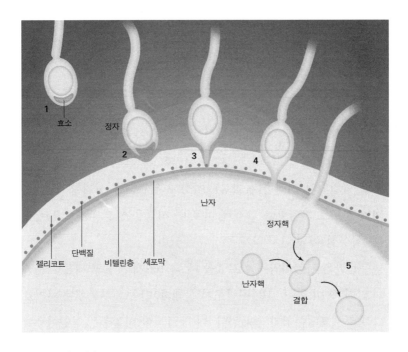

수정이 일어나는 과정

성게의 수정 과정을 표현했다. 정자가 난자에 접근해(**1**) 난자의 젤리코트와 접촉한다. 이때 머리 부분에서 효소가 분비돼 젤리를 녹여 구멍을 낸다(**2**). 정자의 머리 부분이 비텔린층의 특수 단백질과 결합해서야 난자는 같은 종류의 정자임을 알아차린다(**3**). 정자와 난자의 세포막끼리 융합하고(**4**), 그 통로로 들어간 정자의 핵은 난자핵과 결합한다(**5**). 사람의 경우 난자 세포막 외부에 투명대가 존재한다.

자와 난자는 서로 만나지 않는 이상 혼자서는 새로운 생명체를 탄생시킬 수 없다. 이런 의미에서 정자와 난자를 생명의 시작으로 보는 관점에는 무리가 따른다.

2 착상, 일란성 쌍둥이 완성
—— 수정 후 7일 시작, 14일째 마감

정자와 난자가 수정을 이루는 곳은 여성의 나팔관이다. 수정란은 여기서부터 자궁내막까지 서서히 이동하며 자체적으로 2배수로 분열해 나간다. 수정 후 약 7일째 수정란은 자궁내막에 도착해 안쪽으로 함입되기 시작한다(착상). 착상이 완료되는 시기를 수정 후 14일 정도로 파악한다. 그런데 바로 이 시점을 생명의 시작으로 보는 '착상설'이 만만치 않게 주장되고 있다.

수정란은 자궁내막에 이르렀을 때 약 100개 정도의 세포로 분열돼 있다. 속이 비어 있는 배반포기 상태다. 안쪽 윗부분에는 아기로 자라날 세포덩어리가 존재한다. 이를 둘러싼 바깥층을 영양아층이라 부르는데, 수정란이 자궁내막에 착상할 수 있게 도와주는 효소를 분비한다. 영양아층은 후에 태반의 일부로 변신한다. 태반은 태아에 영양물과 산소를 공급해주며, 태아로부터 분비된 노폐물을 받아들인다.

어머니와의 관계 시작

수정란이 자궁내막에 완전히 안착한다는 말은 어머니와 아기의 구체적인 관계가 형성되기 시작함을 의미한다. 수정란은 착상 이후 자궁 안에서 약 10개월 동안 자라난다. 그래서 일부 사람들은 '인간됨은 관계를 맺는 능력에서 비롯된다'는 전제를 바탕으로 착상설을 지지한다. 만일 포배가 자궁내막에 도달하지 못하고 떠돌다 난소나 장에 붙으면 큰일이다(자궁외임신). 이때 생리가 중단되거나 입덧이 생기는 것처럼 임신 초기에 나타나는 모든 증상이 발생하지만, 이 태아는 정상적으로 발생을 계속하지 못하고 오히려 종양처럼 변하다 임신부의 생명을 위협한다. 따라서 자궁내막에 정확히 착상한 포배만이 정상적인 생명체다.

착상의 시기는 해부학적으로도 중요한 의미를 지닌다. 나중에 일부가 척추로 발달할 것으로 예측되는 원시선(primitive streak)이 나타나기 때문이다. 이전까지는 세포덩어리의 어느 부분이 몸의 어떤 부위, 즉 심장으로 자랄지 근육으로 자랄지 명확하게 결정되지 않은 상태다.

착상에 성공하는 확률이 생각보다 낮은 이유도 착상설을 어느 정도 지지하는 역할을 한다. 일반 여성의 경우 수정이 되었다 해도 착상 단계까지 무사히 도달하는 비율은 30~40% 정도에 머문다고 한다. 전체 수정란의 3분의 1 정도가 자연적으로 유산되는 셈이다. 인체에서 별다른 징후가 나타나지 않기 때문에 대부분의 여성은 자신이 임신했다는 사실조차 모르고 지나치기 쉽다. 이 어려운 단계를 통과한 수정란이라야 비로소 생명체로 자라날 최소한의 자격을 얻게 된다.

그러나 착상을 생명의 시작으로 보는 이유는 무엇보다 일란성 쌍둥이의 존재 때문이다. 일란성 쌍둥이는 정자 하나와 난자 하나가 결합해 생성된 하나의 수정란이 발달 과정에서 두 개의 수정란으로 분열된 경우다. 이 두 개체는 유전적으로 동일하다.

수정란을 생명의 시작이라고 보는 입장은 일단 수정이 이루어지면 더 이상 새로운 수정이 발생하지 않는다는 점을 전제로 한다. 예를 들어 홍길동 아버지와 어머니의 생식세포가 만나 생성된 '수정란 홍길동'은 '아기 홍길동'으로 태어날 때까지 별다른 변화 없이 자라난다.

하지만 수정란 홍길동이 어느 순간 둘로 갈라진다면 어떨까. 이들은 모두 홍길동일까. 어쩌면 각 개체의 입장에서 볼 때 생명의 시작은 이렇듯 분열되는 단계에서 이뤄지는 것이 아닐까. 그렇다면 하나의 생명체가 시작되는 시점을 정하기 위해서는 수정란이 쌍둥이로 자라나는지 여부를 지켜보고 결정해야 한다. 바로 이 시점은 넉넉잡아 수정 후 14일, 즉 착상이 끝날 무렵이다.

4회에 걸쳐 발생

일반적으로 일란성 쌍둥이가 출생하는 시기는 크게 4가지로 구분된다. 첫째 수정 후 3일 이내에 일어나는 경우다. 수정란이 2세포기나 4세포기 정도로 분열된 상태에서 두 개체로 자라나는 상태다. 둘째는 수정 후 4~8일, 즉 배반포기에 발생하는 경우다. 배반포 안에서 내세포괴가 형성되고 융모막(태아를 둘러싸는 가장 바깥쪽 막)은 분화되었지만, 양막(태아를 둘러싸는 가장 안쪽 막)이 아직 형성되기 전에 분할이 이루어진 상태다. 셋째 수정 후 8~13일째에 양막이 형성된 상태에서 분할이 발생하는 경우다. 마지막으로 수정 후 13~15일 경 이미 조직 분화가 상당히 이루어진 단계에서 쌍둥

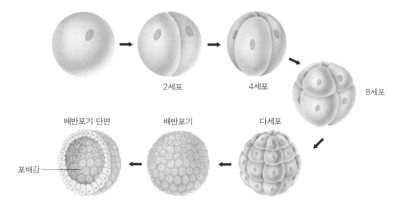

2세포   4세포   8세포

배반포기 단면   배반포기   다세포

포배강

수정란의 분열

성게 수정란의 분열(난할) 과정의 일부다. 1회의 난할이 일어날 때마다 세포 수는 2배로 된다. 난할이
진행됨에 따라 속에 액체가 들어찬 포배강이 형성된다. 이때를 배반포기라 부른다.

이가 생성되는 사례가 있다. 몸의 일부가 붙은 융합쌍둥이가 태어
나는 경우다. 융합쌍둥이의 대표적인 예가 샴쌍둥이다. 머리와 가
슴이 하나인데 머리 양쪽에 얼굴이 있는 야누스형과, 머리는 둘인
데 몸 하나에 팔이 둘이나 셋이 있는 이두형(二頭型)의 두 종류가
있다.

쌍둥이는 모든 출생아의 89분의 1 정도의 빈도로 출현한다. 이 가
운데 4분의 1이 일란성 쌍둥이다. 나머지는 이란성 쌍둥이, 즉 거의
동시에 배출된 두 개의 난자에 두 개의 정자가 수정을 한 경우다.

3 뇌 기능, 뇌간 형성이 생명의 시작

—— 수정 후 60일

착상설의 입장에 선다면 수정 후 2주부터 분만할 때까지 어떤 경우라도 생명체는 보호돼야 한다. 하지만 아기의 신체 구조가 처음부터 비극적인 운명을 타고 났다면 어떨까. 분만 이후 곧바로 사망에 이를 것이 확실할 때 자궁 속의 아기는 과연 생명체인가.

　대표적인 한 가지 사례가 뇌가 없는 아기(무뇌아)이다. 이 현상이 왜 생기는지 현대 의학은 정확히 밝히지 못하고 있다. 다만 무뇌아가 분만됐을 때 살아날 확률은 전혀 없다. 이때 임신 중 아기를 포기하는 일은 생명체를 없애는 일인가. 샴쌍둥이의 경우 이따금씩 어느 한쪽이 무뇌아로 판명되기도 한다. 이런 상황이라면 다른 한쪽의 생존을 위해서라도 무뇌아의 몸을 포기해야 한다. 이런 행위를 살인이라고 볼 수 있는가.

무뇌아를 생명으로 볼 것인가

일부 과학자들은 생명 출발의 시점을 뇌의 기능이 발휘되는 시기로 정하자고 주장한다. 이들은 뇌 기능의 상실이 곧 생명체의 죽음이라 파악한다. 그렇다면 뇌 기능이 시작하는 시점이 바로 생명체의 출발점이라는 설명이다.

　뇌는 크게 대뇌, 소뇌, 뇌간의 세 부분으로 구분된다. 대뇌는 운동과 감각을 지배할 뿐 아니라 기억이나 사고와 같은 정신 활동의

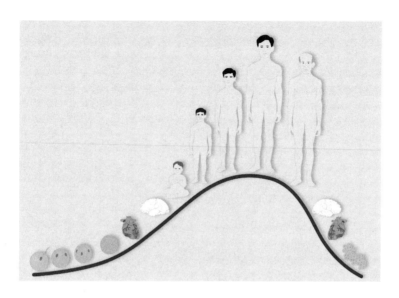

뇌 기능설이 주장하는 인간의 일생

뇌의 죽음을 생명의 죽음으로 보듯이, 뇌 기능의 시작을 사람 출생의 시점으로 보자는 입장이다. 생명체는 수정 이후 분열을 계속하다 심장이 먼저 뛰기 시작하고, 60일 정도에 뇌간이 형성돼 뇌의 기능이 작동한다. 출산 이후 소년, 청년, 장년, 노년을 거치다 먼저 뇌의 기능이 정지되고, 이어 심장이 멈추며, 몸은 세포 수준으로 분해된다.

중심이다. 소뇌에는 운동 조절 중추가 있어서 몸의 평형을 유지하고 운동을 원활하게 한다.

이들에 비해 뇌간은 인체 모든 장기의 기능을 통합·조절하는 신경중추와 반사중추가 있다. 특히 생명을 유지하는 데 가장 중요한 호흡 기능의 중추가 여기에 있다. 따라서 대뇌나 소뇌의 손상이 있어도 사람은 죽지 않지만 뇌간의 손상은 곧 죽음을 초래한다. 뇌출혈이 있을 때도 대뇌나 소뇌의 출혈은 곧바로 사망을 초래하지 않

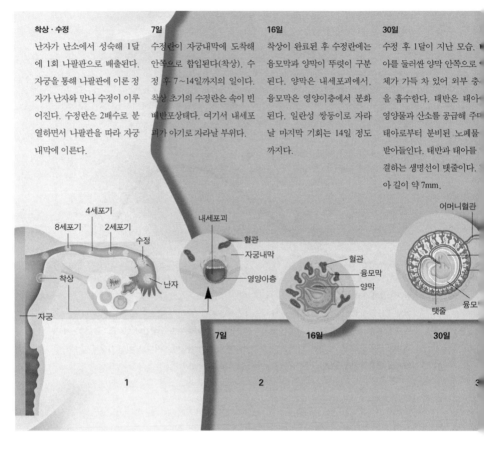

착상·수정
난자가 난소에서 성숙해 1달에 1회 나팔관으로 배출된다. 자궁을 통해 나팔관에 이른 정자가 난자와 만나 수정이 이루어진다. 수정란은 2배수로 분열하면서 나팔관을 따라 자궁내막에 이른다.

7일
수정란이 자궁내막에 도착해 안쪽으로 합입된다(착상). 수정 후 7~14일까지의 일이다. 착상 초기의 수정란은 속이 빈 배반포상태다. 여기서 내세포괴가 아기로 자라날 부위다.

16일
착상이 완료된 후 수정란에는 융모막과 양막이 뚜렷이 구분된다. 양막은 내세포괴에서, 융모막은 영양이층에서 분화된다. 일란성 쌍둥이로 자라날 마지막 기회는 14일 정도까지다.

30일
수정 후 1달이 지난 모습. 아를 둘러싼 양막 안쪽으로 체가 가득 차 있어 외부 충을 흡수한다. 태반은 태아 영양물과 산소를 공급해 주며 태아로부터 분비된 노폐물 받아들인다. 태반과 태아 결하는 생명선이 탯줄이다. 아 길이 약 7mm.

8세포기 4세포기 2세포기 수정
내세포괴
혈관
자궁내막
영양아층
어머니혈관

착상 난자
자궁
혈관
융모막
양막
탯줄 융모

7일 16일 30일

1 2 3

생명의 시작에 관한 5가지 학설
1 수정설 2 착상설 3 뇌 기능설(60일) 4 체외생존능력설(28주) 5 진통·분만설

지만 뇌간에서의 출혈은 죽음을 면하기 어렵다.

뇌사는 바로 대뇌와 소뇌는 물론 뇌간까지 완전히 망가져 회복할 수 없는 상태에 내려지는 사망 진단이다. 현재까지의 보고에 따

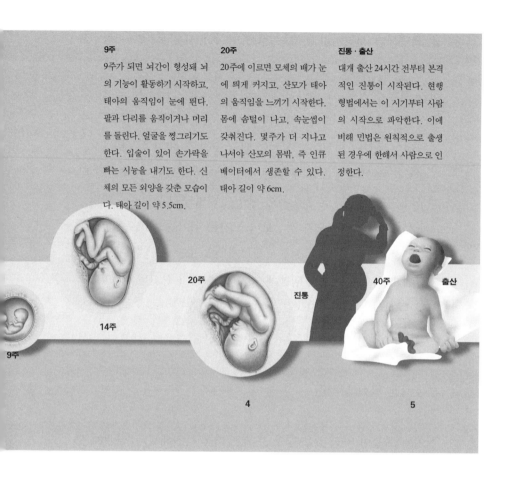

9주
9주가 되면 뇌간이 형성돼 뇌의 기능이 활동하기 시작하고, 태아의 움직임이 눈에 띈다. 팔과 다리를 움직이거나 머리를 돌린다. 얼굴을 찡그리기도 한다. 입술이 있어 손가락을 빠는 시늉을 내기도 한다. 신체의 모든 외양을 갖춘 모습이다. 태아 길이 약 5.5cm.

20주
20주에 이르면 모체의 배가 눈에 띄게 커지고, 산모가 태아의 움직임을 느끼기 시작한다. 몸에 솜털이 나고, 속눈썹이 갖춰진다. 몇주가 더 지나고 나서야 산모의 몸밖, 즉 인큐베이터에서 생존할 수 있다. 태아 길이 약 6cm.

진통 · 출산
대개 출산 24시간 전부터 본격적인 진통이 시작된다. 현행 형법에서는 이 시기부터 사람의 시작으로 파악한다. 이에 비해 민법은 원칙적으로 출생된 경우에 한해서 사람으로 인정한다.

르면 뇌사로 판명된 사람은 길어야 14일 이내에 심장이 멈춘다. 세계적으로 50여 개국이 뇌사를 죽음으로 인정하고 있으며, 한국의 경우 2000년 2월 9일 뇌사를 공식 인정하는 '장기 이식에 관한 법률개정안'이 시행되기 시작했다.

물론 뇌사를 인정하는 모든 사람이 뇌의 기능이 발휘되는 시점을 생명체의 시작이라고 보는 것은 아니다. 다만 무뇌아처럼 '포기'가 불가피한 경우 이를 하나의 생명체로 인정하지 말자고 주장하는 것일 뿐이다. 즉 몸이 아무리 정상적으로 자란다 해도 뇌간을 비롯한 신경체제가 발달하기 시작하는 시점을 중시하는 견해다. 수정란에서 뇌간이 형성되는 시기는 대략 수정 후 60일 정도다.

한편 착상설의 한계는 비단 무뇌아에 머물지 않는다. 수정된 단계부터 이미 사망할 운명에 처한 경우가 많이 존재하기 때문이다.

예를 들어 염색체 수가 정상보다 모자른 태아는 100% 유산된다는 게 전문가의 견해다. 성염색체 2개(XX 또는 XY)를 제외하고 사람에게 필요한 44개의 염색체 중 어느 하나가 상실된 경우다. 이처럼 착상이 일어났다고 해도 이미 사망할 운명이라면 과연 착상을 생명의 시작이라고 볼 수 있는가.

부모에게 닥친 딜레마

살아날 확률이 약간 있는 경우 문제는 더욱 복잡해진다. 염색체 수가 정상인보다 하나 더 많은 경우 생존의 확률은 어느 정도 있다. 예를 들어 21번 염색체가 하나 더 많은 다운증후군의 경우 유산될 확률은 78%다. 22%의 확률로 태어난 아이는 지능이 낮고 특이한 얼굴 모양을 갖춘 채 살아야 한다. 심장의 기능이 불완전한 경우도 적지 않다. 평균 수명은 40세 정도이다.

만일 임신중에 태아가 다운증후군 증상을 보인다는 점을 알았다면, 그리고 부모가 태아를 포기한다면 이 행위는 과연 하나의 생명체를 없애는 일인가. 반드시 100% 사망한다는 확신이 없다 해도 자연적으로 유산될 확률이 78%라면 상당히 높은 수치가 아닌가. 이 경우 태아를 어떻게 할 것인가는 부모의 판단에 맡기고 있다.

4 체외 생존 능력, 미숙아 생존 가능성
—— 수정 후 28주

1973년 미국 연방대법원은 흥미로운 판결을 내렸다. 임신의 시기를 3분의 1씩 3단계로 구분하고, 마지막 3분의 1이 시작되는 시기 (수정 후 약 28주) 이전에는 산모가 태아를 수술로 유산시킬 수 있다는 내용이었다. 다시 말하면 국가는 태아의 생명권을 수정 후 28주가 지나고 나서야 보호해 준다는 의미다. 법적으로 이전에는 생명체가 아닌 셈이다. 판결의 근거는 태아가 산모 몸 밖에서 생존할 수 있는 능력이 언제부터 생기는가였다. 당시의 기술 수준으로는 미숙아가 태어났을 때 집중적인 간호를 받아 거의 100% 생존할 수 있는 시기는 28주 정도였다. 그 이전의 태아는 세상에 나와도 생존한다고 보장할 수 없었다.

'로 대 웨이드 사건(Roe v. Wade)'이라 불린 이 판결은 28주 이전에는 인공 유산을 법적으로 허용한다는 의미를 지녔기에 사회적으로 커다란 파장을 일으켰다. 사건은 텍사스 주에 살던 여성 제인 로의 항변에서 비롯됐다. 그녀는 미혼인 상태에서 임신을 했으며, 아기를 낳고 싶지 않았다. 그러나 텍사스 주에서는 산모에게 치명적인 영향을 주지 않는 이상 인공 유산을 하지 못하도록 규정했다. 그녀는 텍사스 주의 법이 자신의 사생활권을 침해한다고 주장했다. 결국 연방대법원은 그녀에게 손을 들어줬다.

그러나 태아가 생존할 수 있는 능력은 객관적으로 규정하기 어렵다. 현대에는 의학의 발전으로 22주 된 태아도 살려낼 수 있다. 그렇다면 생명의 출발점을 의술의 수준에 맞춰 변동시킬 수 있다는 말일까. 그런 기술이 없던 100년 전에는 28주가 지난 후에 인공 유산을 시켜도 괜찮았다고 말해야 할까. 또 의술이 낙후한 후진국의 경우 과연 인공 유산을 몇 주까지 허용할 수 있겠는가.

1967년 영국은 인공 유산의 허용 기간을 28주로 규정했다. 하지만 이 기준은 당시 의료 수준에 맞춘 생존 능력의 한계를 표현할 뿐이다. 한국의 '모자보건법'은 28주를 기준 시기로 규정하고 있다.

5 진통·출산, 민법과 형법의 생명론
—— 수정 후 10개월

아버지가 평생 모은 막대한 재산을 자식에게 물려주는 경우를 생각해보자. 이때 자식이 아버지의 재산을 상속할 수 있는 자격, 즉 재산에 관한 권리 능력을 가지는 시기는 언제일까. 수정란 단계부터일까, 아니면 착상 단계부터일까.

한국의 현행 민법에 따르면 '태아가 모체로부터 전부 노출한 때'를 권리 능력이 발생하는 생명의 시작으로 본다. 일단 태어나야 인간으로서의 권리를 주장할 수 있다.

그러나 여기에는 한계가 있다. 예를 들어 아버지가 사망한 지 하루 후 출생한 아이에게는 억울하게도 재산상속권이 없다. 또 임신 기간 동안 아버지가 살해당했다면 자식은 출생 후 손해배상청구권을 행사할 수 없다.

이런 한계를 극복하기 위해 현행 민법은 재산 상속, 호적 상속, 손해배상 청구 등과 같은 중요한 법률에 대해서는 예외적으로 뱃속에 있는 태아를 사람으로 인정한다.

형법은 어떨까. 형법의 기본 원리는 '사람의 신체는 신성한 것이므로 누구로부터도 침해될 수 없다'는 것이다. 그렇다면 형법은 언제를 사람의 시작으로 보는 걸까.

이에 대해 일반적으로 형법에서 논의되는 설명은 4가지가 있다. 즉 산모가 진통을 시작할 때부터 사람의 시작으로 보는 진통설, 태아의 일부가 모체로부터 노출됐을 때를 중시하는 일부노출설, 분만이 완성돼 태아가 산모로부터 완전히 분리됐을 때를 시점으로 보는 전부노출설, 그리고 태아가 태반에 의한 호흡이 정지되고 폐에 의한 호흡이 가능한 때를 시점으로 보는 독립호흡설이다.

한국의 현행 형법은 진통설을 채택하고 있다. 출산에 임박하면 산모의 자궁경부가 열리기 시작하면서 규칙적인 진통이 시작된다. 약 6~12시간 동안 지속되며, 자궁경부는 최대 10cm까지 열린다.

이때부터 신생아가 나오기까지 2~3분 간격으로 1분 정도 지속되는 강력한 자궁 수축이 시작된다. 이때 산모는 태아를 강하게 밀어내기 시작하는데, 20분~1시간 정도가 흐르면 신생아는 질을 통

출산의 3단계

1 자궁경부가 열리기 시작하면서 진통이 느껴진다. 출산 중 가장 긴 진통을 느끼는 시기다(6~12시간).

2 자궁경부가 10cm 정도 열린 후 신생아가 나오기까지 2~3분 간격으로 1분 간 지속되는 강력한 자궁 수축이 일어난다.

3 신생아가 태어난 후 15분 이내에 태반이 배출된다.

해 자궁 밖으로 밀려나온다. 이로부터 15분 후 태반이 배출됨으로써 출산의 과정은 완료된다. 하지만 진통이 언제 시작되는지 법적으로 규정하는 데 어려움이 있다. 사람에 따라 진통을 느끼는 시점이 다를 수 있다. 또 제왕절개수술로 아기를 낳는 경우 과연 진통설을 어떻게 적용시켜야 할지가 난감하다.

>>> 인간 복제, 무엇이 문제인가

1 인륜 거스르는 행위

2002년 12월 27일 최초의 복제 인간이 탄생했다는 소식이 들렸다. 미국 종교 단체 라엘리언 무브먼트 산하 클로네이드 사는 미국 플로리다 주 마이애미에서 가진 기자 회견에서 "복제술로 임신된 아기가 26일 오전 제왕절개수술을 통해 3.2kg의 건강한 몸으로 태어났다"고 밝혔다. 아기의 이름은 '이브'. 성서에 나온 최초의 여인 이름을 따서 붙였다.

하지만 이 아이의 얼굴은 전혀 공개되지 않았고, 실제로 복제 인간인지 입증할 수 있는 DNA 자료도 제시되지 않아 일각에서는 클로네이드 사의 근거 없는 선전에 불과하다는 해석이 나왔다. 그런데도 세계는 발칵 뒤집혔다. 정자와 난자의 수정이 아닌 체세포와 속이 빈 난자의 결합으로 아기가 태어난 것은 생명체를 만들어내는 행위, 즉 '신의 영역'에 해당하기 때문이다.

하지만 복제 인간의 탄생을 시도하겠다는 과학자들이 계속 나타나고 있다. 그 시초는 1998년 1월 인간복제병원을 만들겠다고 선언한 미국의 리처드 시드 박사다. 주요 목적은 불임 부부에게 아이를 선사하겠다는 것.

인공 '씨'를 만들어내는 박사

하버드 대학교 물리학 박사 출신인 시드는 1970년대 최초의 시험관 아기를 탄생시키는 팀에서 활동한 경험이 있다. 묘하게도 그의 성 시드(Seed)는 '씨'라는 의미다. 시드는 200만 달러 정도의 비용과 전문가팀이 갖춰지면 18개월 내에 복제 아기를 만들 수 있다고 호언장담했다(물론 거센 반대 여론에 부딪혀 이 계획은 실현되지 못했다).

시드 박사가 계획한 복제 방법은 돌리의 경우와 유사하다. 부모 중 한 명의 체세포로부터 유전자를 분리한 후 이를 다른 여성으로부터 얻은 난자에 이식한다. 이 난자는 이미 핵이 제거된 상태다.

이 복제된 수정란을 배양기에서 배반포기 단계로 발달시킨 후 자궁에 이식하면 10개월의 임신기를 거쳐 복제된 아기가 탄생한다. 정자와 난자의 수정이 이뤄지지 않은 채 새로운 생명체가 만들어지는 것이다.

복제 인간의 탄생을 반대하는 과학자들은 복제 기술이 아직 불완전하다는 점을 강조했다. 돌리가 탄생하기까지 270여 회의 실험이 반복됐다. 많은 미숙아들이 실험실에서 죽어갔다.

이런 불확실한 기술을 사람에게 적용시킨다면 얼마나 많은 생명체가 폐기 처분될까. 또 인공 장기를 대체할 살아 있는 장기를 얻기 위해, 신약품의 효능을 테스트할 실험 동물로 사용하기 위해 복제 인간이 이용되지 않을까. 종교계는 사람이 사람을 탄생시키는 일을 신의 권위에 도전하는 행위로 보고 크게 반발하고 나섰다.

이런 분위기 속에서 복제 인간과 관련해 세계적으로 이목을 끄는 사건이 한국에서 발생했다. 1998년 12월 14일 경희의료원 불임 클리닉 연구팀이 인간 복제에 성공했다고 밝힌 것이다. 한국 의학계에서 세계 최초의 사례가 나온 탓에 국내 주요 언론과 방송은 대대적으로 연구팀의 업적을 소개했다.

하지만 발표가 나간 지 일주일도 채 못돼 이번 실험에 대한 부정적인 평가가 학계와 일반인 모두에게 확산되고 있는 분위기 농후했다. 심지어 왜 그런 일을 벌였느냐는 노골적인 비판도 나왔다.

현재 세계 의학계가 인간 복제에 손을 대지 못하는 이유는 기술적인 어려움 때문이 아니다. 영국의 로슬린 연구소에서 복제 양 돌리를 만들어낸 이후 인간 복제의 달성은 시간 문제일 뿐이라는 게 전문가들의 중평이었다. 1998년 1월 미국의 한 종자회사에서 성공한 돼지, 양, 원숭이의 체세포와 암소 난자의 결합, 두 차례에 걸친 시드 박사의 인간 복제 선언, 7월 하와이 대학에서 발표된 생쥐 복제, 그리고 11월 보도된 인간 체세포와 암소 난자의 결합이 이를 증명해 준다. 단지 인간 복제는 생명 윤리의 근본을 뒤흔드는 심각한 문제라는 여론이 거세 연구자들이 손을 멈추고 있을 뿐이다.

연구를 이끈 이보연 교수 역시 "웬만한 실험 장비만 갖추면 어렵지 않게 성공할 수 있는 실험이어서 세계 최초라는 말은 의미가 없다"고 말한다.

공허함 남긴 세계 최초

그는 "수많은 불임 환자의 고민을 해결하기 위한 하나의 방법으로 복제 기술에 관심을 가지게 됐다"고 설명하고 "한국에서 복제에 대한 충분한 공감대가 이뤄지지 않은 탓에 실험을 중간에 중단시켰다"고 말한다.

실험의 단서는 1998년 7월 하와이 대학 야나기마치 박사팀이 발표한 생쥐 복제에서 주어졌다. 암컷의 난자를 둘러싼 난구세포에서 핵을 분리해 내고, 이를 미리 핵이 제거된 생쥐의 난자에 삽입시킨 후 또 다른 생쥐의 자궁에 이식하는 방식이었다. 몇 가지 실험 테크닉에서 차이가 있을 뿐 부모 중 어느 한쪽의 체세포만으로 자손을 얻는다는 면에서 기본 원리는 복제 양 돌리와 동일하다. 이보연 교수는 이 방법을 인간에 적용시킨다면 성공할 가능성이 크다고 생각했다.

하지만 이보연 교수는 윤리적인 문제 때문에 4세포기, 즉 복제된 세포가 두 차례 분열할 때까지만 지켜보았다. 4세포기는 흔히 인공 수정을 이용해 시험관 아기를 만들 때 자궁에 착상시키는 단계의 하나이다. 따라서 4세포기까지 진행된다면 자궁에서 성체로 자라날 수 있는 가능성이 커진다는 의미다.

첫 시도가 11월에 이루어졌다. 한 30대 여성의 난자와 난구세포를 이용해 실험이 진행됐다. 하지만 결과는 실패였다. 12월 초 이보연 교수는 다시 실험에 도전했다. 이번에는 성공이었다. 총 소요 시간은 이틀 정도였다. 수정란에서 4세포기까지 자라나는 기간이다. 이때까지 이보연 교수는 자신이 행한 실험을 의학의 '작은 진보' 정도로만 여겼다.

그러나 상황은 달랐다. 15일 주요 일간지들은 모두 이보연 교수팀이 인간 복제에 성공했다는 내용을 1면에 대서특필했다. 언론과 방송의 인터뷰 요청은 물론 불임 환자들의 상담 전화가 빗발치기 시작했다. 미국, 영국, 일본의 주요 일간지와 방송 역시 한국에서의 '사건'을 크게 보도했다.

이보연 교수는 예상치 못한 반향에 다른 사람보다 더욱 놀랐다. 그는 개인적으로 복제 인간이 탄생하는 것을 원치 않는다. 단지 장기적으로 복제 기술이 윤리적으로 허용되는 범위에서 불임 문제를 해결하는 데 기여할 수 있지 않을까 생각하는 정도이다. 예를 들어 아버지의 체세포와 어머니의 체세포를 결합시켜 아기를 낳을 수 있지 않을까.

하지만 반대 여론은 거셌다. 한 과학자의 소박한 희망이 어떤 식으로 변형된 결과를 낳을 지 아무도 장담할 수 없기 때문이다. 이보연 교수와 견해를 달리 하는 다른 과학자가 어디선가 복제 인간을 만들 수 있지 않을까. 그래서 사회의 감시망을 피해 무분별한 인체 실험을 할 수 있지 않을까.

하지만 무엇보다 커다란 문제는 이처럼 사회적으로 민감한 실험이 몇몇의 과학자들의 결정만으로 진행됐다는 점이다. 이화여대 법대 박은정 교수는 "유럽과 일본은 전통적으로 인간에 대한 실험을 법적으로 엄격히 규제하고 있고, 실용성을 중시하는 미국도 1994년 대통령 산하에 생명윤리자문위원회를 두고 의견을 주의 깊게 듣는다"고 말한다. 또 각 병원에서는 엄격한 윤리위원회가 설치돼 있어 엉뚱한 의료 행위를 못하도록 규제한다.

2 불임 부부 고통 해결책

미국의 리처드 박사와 한국의 이보연 교수가 결단을 내린 행위의 목적은 불임 부부의 고통을 해결하는 데 있었다. 시드 박사가 인간 복제 실현을 선언한 시점에 불임 부부 4쌍이 이미 실험에 참여할 의사를 밝혔다고 한다. 과연 불임 부부의 체세포로 자식을 만드는 일이 잘못일까.

사실 생식을 위한 인간 복제 기술의 사용을 국제적으로 금지시켜야 한다는 폭발적 요구들이 시간이 지날수록 서서히 퇴조하고 있다. 특정한 상황에서는 인간 복제가 정당화될 수도 있다는 인식이 싹텄다는 점이 한 가지 원인이다. 심지어 복제 기술의 사용을 금지하라고 주장한 사람들이 그 논거를 적절하게 제시하는 데 실패했다는 견해도 나온다.

위험이 과대평가됐다

세계보건기구(WHO)의 복제 연구 그룹이 만든 한 보고서에 따르면, 인간 복제에 반대하는 다수의 이유가 공상과학적인 허구에 기초하고 있고, 이 때문에 대중들에게 공포와 무지만을 안겨주었다고 지적하고 있다. 또 이 보고서는 이런 허구적인 내용들이 국회의원과 정책집행자들로 하여금 심사숙고하는 자세보다는 도덕적으로 겁을 주는 분위기를 만들었다고 기술했다.

인간 복제 찬성론자들은 현재까지 인간 복제의 혜택이 과소 평가된 반면 위험성은 과대 평가되고 있다고 주장한다. 1997년 영국 생물윤리학 너필드 상담소의 비서인 데이비드 샤피로는 "윤리적인 관점에서 볼 때 복제 기술은 사실 이미 수용된 여러 가지 의학적인 기술들과 특별히 다를 것도 없다"고 말했다. 미국 텍사스 대학 법학과 교수인 존 로버트슨은 한 생물윤리회의에서 "초반의 저항적인 태도들이 이제 임신할 수 없는 부부들과 다른 곳에서 인간 복제 기술로부터 여러 가지 혜택을 얻을 수 있다는 인식 태도로 바뀌어 가고 있다"고 설명했다. 또 "복제 기술로부터 예상되는 문제점들이 너무 모호하고 추상적이어서 복제에 대한 연구나 이용 가능성을 전면적으로 금지시키는 것을 정당화할 수 없다"고 주장했다.

이미 사람들에게 익숙해진 시험관 아기는 정자와 난자를 채취해서 인공적으로 수정시킨 생명체인데, 이 아기가 어른 몸에서 떼어낸 세포로 탄생한 아기와 무엇이 다를까. 성인의 체세포는 어차피 정자와 난자가 수정한 결과물이 아닌가.

찬성론자들은 복제 인간에 대한 잘못된 편견을 지적한다. 무엇보다 복제 인간을 마치 넋 나간 기계적 냉혈한으로 연상하는 일이 문제이다. 복제 인간은 출생 과정만 다를 뿐 바로 우리 자신과 같은 인간이다. 10개월 동안 어머니 몸에서 길러지고, 따뜻한 가족의 품에서 자라난다.

복제 아기는 부모 중 한 사람과 단지 나이 차이 많이 나는 쌍둥이일 뿐이다. 물론 유전자 구조는 같다. 외모도 거의 흡사할 것이다. 그렇다고 해서 성격과 능력, 가치관이 동일하지 않다. 일란성 쌍둥이가 자라난 환경에 따라 판이하게 다른 개성을 보이는 것과 같은 이치이다.

로버트슨은 최근 미국내 생물윤리학위원회에서 "임신에 복제가 필수적이라면 아이를 가질 수 있는 기본권이 있는 한, 미국 법률에 따라 부부들은 복제 기술을 이용할 법적인 권리가 있다"고 말했다. 그는 "비과학적인 허구가 사회 정책을 주도해서는 안 된다"고 단언한다.

불임 문제 외의 경우는 어떨까. 찬성론자들은 적절한 법적 규제를 통해 부작용을 없앨 수 있다는 낙관론을 편다. 예를 들어 실험실에서 생체 실험용으로 사용하거나 범죄자를 복제하는 행위는 법적으로 금지하면 된다.

문제는 사람들이 어떤 입장을 취하든 인간 복제는 실행될 가능성이 매우 크다는 점이다. 시드 박사는 "사람들이 좋아하든 말든 과학은 계속 진전할 것이며 반대 분위기는 시간이 지나면 가라앉을 것"이라고 장담했다.

실제로 그가 1970년대에 참여한 시험관 아기 실험은 처음에 강한 반대 여론에 부딪혔다. 하지만 불과 몇십 년 내에 시험관 아기 (IVF)라는 말은 대중에게 거부감 없이 다가오고 있고 정식 의학 용어로 사용되고 있다.

유전자 조작과 결합되면?

찬반 양론의 수준을 넘어서 좀더 현실적인 고민이 필요한 때다. 복제 인간의 인권을 어떻게 보호할 것인가. 만일 이브의 탄생이 사실이라면, 우리는 이브에게 어떤 입장을 취해야 하는가. 그가 복제 인간이라고 해서 괴물 정도로 취급해야 할 것이다. 흥미롭게도 신학자 가운데 이미 탄생한 복제 인간 역시 엄연한 하느님의 자식으로 존중받아야 한다고 주장하는 경우도 발생하고 있다.

이 밖에도 문제가 적지 않다. 복제 기술은 일부 부유층에게만 이용되지 않을까. 부작용을 해소시킬 제도적 방안은 무엇인가. 단순히 아기를 복제하는 차원을 넘어 유전자 조작을 가해 우량아를 낳으려는 시도는 어떻게 통제해야 할까.

1997년 6월 돌리에 이어 탄생한 몰리와 폴리는 사람 혈우병 치료제를 만드는 유전자를 지녔다. 복제기법에 유전자 조작술이 가해진 결과였다. 이런 기술이 사람에게 시도되지 않으리란 보장이 없다. 이브의 탄생 소식은 복제 인간을 맞을 구체적인 채비를 서둘러 갖춰야 한다는 점을 세상에 요구하고 있다.

>>> 불임에 도전하는 생식의학

1 시험관 아기의 등장

결혼한 부부 10쌍 가운데 1쌍은 아기를 갖지 못하고 있다. 적지 않은 수임에 틀림없다.

의학계에서는 불임을 '부부가 정상적인 성관계를 1년 이상 가졌음에도 불구하고 임신이 되지 않는 경우'라고 정의한다. 부부가 모두 정상이면 임신은 보통 1년 이내에 80~90% 성공한다. 이 정의에 따른다면 불임 부부의 수는 열 쌍 중 한 쌍을 웃돌 것이다.

불임의 원인은 아직 완전히 밝혀지지 않았다. 다만 그 원인이 남성에게 있느냐 여성에게 있느냐를 따진다면 둘 다 거의 같은 비율이라고 답할 수 있다. 따라서 불임의 원인을 알고자 할 때 반드시 부부가 함께 가서 검사를 받아야 한다. 특히 남성의 경우 원인이 비교적 단순하기 때문에 검사 결과가 빨리 파악된다. 그래서 불임 클리닉 전문가들은 남성이 먼저 검사받을 것을 권한다.

이동 통로가 저지

일반적으로 불임이라고 하면 남성의 정자와 여성의 난자에 뭔가 문제가 있는 것이라고만 생각하기 쉽다. 하지만 그렇지 않다. 정자와 난자가 정상적으로 만들어져도 생식 계통의 구조에 문제가 있을 때 불임이 될 수 있다.

먼저 정상적인 정자를 가진 남성을 생각해보자. 정자가 정상적이란 말은 무슨 의미일까. 가장 중요한 사항은 정자의 수와 운동성이다. 즉 1mL 안에 2,000만 개 이상의 정자가 있어야 하고, 이 가운데 운동성을 가지는 게 60% 이상이어야 한다. 이 외에도 형태가 정상적인 것이 60% 이상, 정자가 포함된 정액의 액체 성분이 너무 끈끈하지 않아야 하는 등 다양한 사항이 요구된다.

하지만 이런 요건에 대해 합격 판정을 받았다 해도 정자의 이동 통로가 막히면 수정이 될 리 없다. 정자는 정소에서 만들어지기 시작해 성숙해지며, 정소 옆에 붙어 있는 부정소에서 성숙을 마치면서 저장된다. 부정소에서 정관과 요도로 연결되는 길이 정자의 이동 통로다. 선천적으로 또는 특정 질환 때문에 이 이동 통로의 어느 부위가 막히면 불임의 원인이 된다.

하지만 이 경우는 큰 문제가 안 된다. 일단 몸 안에 수정에 필요한 완벽한 재료가 존재하기 때문이다. 이때 수술을 통해 막힌 곳을 이어주거나, 부정소의 정자를 미세한 주삿바늘로 빼내 곧이어 설명할 인공 수정 또는 시험관 아기를 유도하는 방법이 동원된다.

여성의 경우 상황은 좀더 복잡해진다. 정자는 여성의 질과 자궁

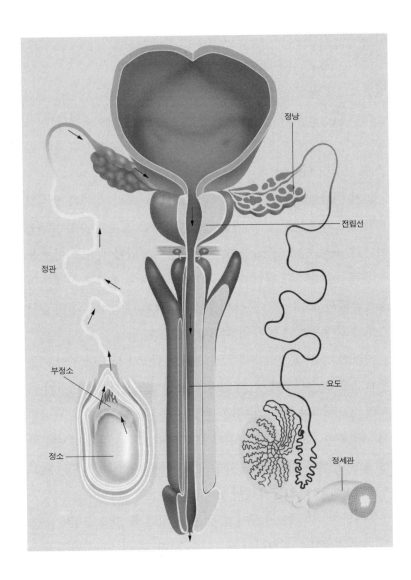

정낭

전립선

정관

요도

부정소

정소

정세관

정자의 형성과 이동

정소(고환)에서 만들어진 정자는 부정소에서 성숙을 마친다. 성숙한 정자는 정관을 통해 정낭에 도달해
저장된다. 이후 정자는 요도를 통해 몸 밖으로 배출된다. 만일 정관이 막히면 정자가 정상이라도 불임이
된다.

>>> 유전자가 세상을 바꾼다

을 거쳐 나팔관에 도달해 그곳에 있는 난자와 수정을 이룬다. 그런데 여성이 정상적으로 배란을 할지라도 정자가 나팔관까지 이르는 과정이 만만치 않다. 더욱이 수정이 제대로 되었다 해도 자궁 안에서 아기가 자라날 수 있는 여건에 문제가 발생하는 일이 적지 않다.

한 예를 들어보자. 정자가 자궁 안으로 들어가는 첫 관문은 자궁 경부이다. 수정이 일어날 때 이곳에서는 끈끈한 점액이 분비되어 정자가 질에서 자궁 안으로 순조롭게 들어가게 만든다. 만일 점액이 잘 분비되지 않거나 끈끈한 정도가 지나치면 정자가 이곳을 통과하기 어렵다. 제아무리 정자와 난자가 건강해도 이들이 만날 기회가 사라지는 셈이다.

이때 사용되는 방법이 인공 수정이다. 남성에게서 성숙한 정자를 얻은 후 가느다란 관을 통해 이를 여성의 자궁 안으로 직접 주입하는 방식이다. 시술 자체가 간단하기 때문에 여성의 배란 시기를 잘 맞추기만 하면 어렵지 않게 불임을 치료할 수 있다.

이보다 한 단계 진전된 방식이 나팔관 수정이다. 정자와 난자를 얻은 후 이를 나팔관 끝부분에 동시에 넣어 수정을 유도하는 방법이다. 하지만 정자가 나팔관으로 가는 길이 막혀 있거나 나팔관이 아예 없을 때는 인공 수정이나 나팔관 수정 역시 무용지물이다. 1978년 7월 25일 영국에서 태어난 시험관 아기(test-tube baby)는 바로 이 문제를 해결함으로써 '현대 의학의 기적'이라는 칭송을 받으며 세계적인 주목을 끌었다.

아기의 이름은 루이스 브라운. 당시 아버지(38세)와 어머니(30세)는 정자와 난자를 만드는 데 아무 문제가 없었지만, 어머니의

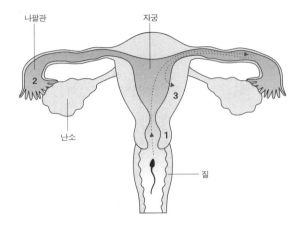

수정과 착상

여성의 질 안으로 들어온 정자는 자궁경부(**1**)를 통과해 자궁을 거쳐 나팔관에서 난자와 만나 수정을 이룬다(**2**). 수정란은 나팔관을 따라 자궁내막으로 이동해 착상한다(**3**). 만일 자궁내막이나 나팔관에 이상이 있다면 정자와 난자가 정상이어도 임신이 되지 않는다.

나팔관이 막혀 있어 오랫동안 아기를 가질 수 없었다.

2~3일만 시험관에서 배양

이들에게 행운을 안겨준 곳은 케임브리지 의과대학이었다. 로버트 에드워즈와 패트릭 스텝토 박사팀은 어머니의 난자를 추출한 후 아버지의 정자와 수정시켰다. 인공 수정이나 나팔관 수정과 다른 점이 있다면 수정이 몸 밖, 즉 시험관에서 일어났다는 점이다. 48시간이 지난 수정란은 다시 어머니의 자궁에 이식되었다(시험관 아기라는 용어는 마치 10개월 동안 시험관에서 자란 아기라고 오해할 여지를 주는데, 사실은 수정 초기 2~3일 동안만 시험관에서 키운다).

이후 태아는 무럭무럭 자라 제왕절개를 통해 세상으로 무사히 나왔다. 그로부터 20년이 지난 1998년 7월 루이스는 어엿한 숙녀로 성장한 모습으로 인터뷰에 응하며 "유치원 보모나 간호사가 되고 싶다"고 말했다.

시험관 아기의 탄생은 수많은 불임 부부에게 강렬한 희망의 빛을 던졌다. 현재까지 세계적으로 탄생한 시험관 아기의 수는 30만여 명으로 추산된다(한국은 1985년 서울대학병원에서 처음 탄생했다). 최근에는 난자를 만드는 과정에 문제가 있는 여성을 위한 시험관 시술법이 활용되고 있다. 미성숙 난자를 이용한 체외수정법(IVM-IVF)이다. 여성은 태어날 때부터 난소에 미성숙난자를 보관하고 있다가 생리가 시작되면 이에 맞춰 한달에 하나씩 내보낸다. 그런데 이 과정에 문제가 생기면 여성은 정자와 수정할 수 있는 성숙한 난자를 생산하지 못한다. 과학자들은 이런 여성의 난소에서 미성숙난자를 채취해 체외에서 성숙시킨 후 이를 시험관에서 정자와 수정시키는 방법을 이용하고 있다. 이론적으로는 폐경기 여성이라도 난소에 미성숙난자가 남아 있기 때문에 임신이 가능하다.

미성숙 난자조차 없는 경우는 어떨까. 아예 체세포에 충격을 가해 난자로 만드는 방법이 있다. 2001년 7월 2일 미국 코넬대 잔피에로 팔레르모 교수는 유럽 인간생식태생학회에서 인간의 난자를 체세포로 만드는 새로운 방법을 개발했다고 발표했다.

생식세포, 즉 난자와 정자는 체세포에 비해 염색체 수가 절반에 해당한다. 잔피에로 교수는 불임여성의 체세포를 핵이 제거된 다른 난자에 집어넣고, 여기에 전기 충격을 가해 염색체 수를 절반으로 줄였다. 이후 이 체세포가 난자처럼 행동하도록 배양 조건을 만들어 키웠다. 이를 정자와 수정시키자 수정란은 한 차례 분열하는 데 그쳤다. 아직 실현이 요원한 기술이지만 미성숙 난자가 없는 불임 여성에게 희망을 던진다는 사실은 틀림없다.

2 단 하나의 정자로도 수정 가능

1990년대 시험관 아기 시술은 또 한 번의 의학적 쾌거에 의해 한 단계 높은 수준으로 뛰어올랐다. 난자의 세포질 내에 정자를 직접

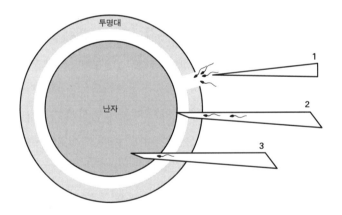

미세 수정법
시험관아기 시술에서 정자의 수가 적을 때 수정을 도와주는 방법이다. 난자를 둘러싼 투명대에 구멍을 뚫고 주입하거나(**1**) 가는 유리관으로 정자를 난자와 투명대 사이에 넣는다(**2**). 최근에는 유리관으로 정자를 난자 세포질 안에 넣는 방식(ICSI, **3**)이 주로 사용된다.

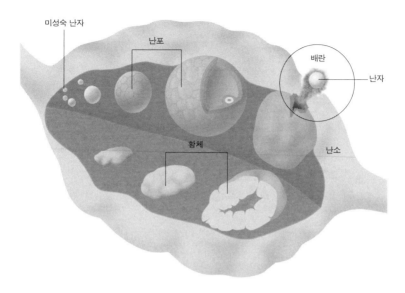

미성숙 난자

난포

배란

난자

황체

난소

난자의 성숙

여성의 난소에서는 한 달에 1개의 난자가 성숙해 난소 표면에서 떨어져 나온다(배란). 배란 이후 파열된 난포는 황체로 변해 프로게스테론이라는 호르몬을 분비해 자궁내막을 두껍게 만든다.

주입하는 방식(ICSI, Intracytoplasmic Sperm Injection)이다. 이전까지의 시험관 아기 시술에서는 시험관 안에 다수의 정자와 난자를 섞어놓은 후 수정되기를 기다릴 수밖에 없었다. 그래서 불임 클리닉의 의사들은 좀 더 많은 수의 건강한 정자와 난자를 얻는 데 주력했다.

이에 비해 ICSI는 난자를 고정시키고 여기에 가는 주사 바늘로 정자 하나를 직접 주입하는 방식이다. 따라서 많은 수의 정자와 난자가 필요치 않게 됐다. 세계 최초의 ICSI 아기는 1992년 벨기에에

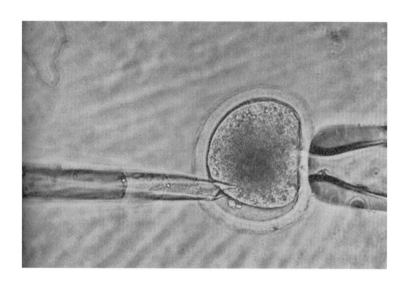

1990년대 개발된 ICSI 시술 장면

난자를 오른쪽 지지대에 고정시킨 후 왼쪽 가는 유리관을 통해 정자를 난자에 직접 주입한다.
수정에 정자 하나만 필요한 획기적 방식이다.

서 태어났다. 한국에서는 1994년 처음으로 성공했다.

ICSI의 등장으로 이론적으로는 단 하나의 정자만 있어도 아기를 가질 수 있다. 그 결과 정자의 수가 적거나 운동성이 떨어져 불합격 판정을 받은 남성도 희망을 가질 수 있게 되었다. 심지어 정상적인 정자가 거의 없어 무정자증으로 진단된 남성의 정액에서도 극소수의 정자가 발견되는 경우가 종종 있다고 한다. 이제 주요 관심은 '어떻게 하면 건강한 정자를 많이 확보할 수 있을까'에서 '극히 적은 수의 정자를 어떻게 찾을 수 있을까'로 전환되고 있다.

그렇다면 난자는 쉽게 구할 수 있을까. 남성의 정소에서는 사춘기 이후 노년에 이를 때까지 계속해서 정자가 만들어진다. 이에 비해 여성은 매달 하나의 난자만 성숙하기 때문에 정자에 비해 구할 수 있는 수가 극히 제한돼 있다. 과학자들은 주로 인공적인 성호르몬제를 적절히 투여해 하나 이상의 난자를 얻는 방향으로 해결책을 찾고 있다. 성호르몬제를 한 번 투여하면 보통 10~30개의 난자가 발생한다.

한 번에 10~30개 난자 배출

그러나 최근 외국 의학계의 발표를 보면 ICSI가 완벽하게 안전한 방법인지 곰곰히 생각하게 된다. 미국 오리건 보건대학의 제럴드 새튼 박사는 의학전문지 《네이처 메디신》 1999년 4월호에서 ICSI의 문제점을 언급해 화제를 모았다. 그는 벵골 원숭이의 정자와 난자를 ICSI로 수정시킨 결과 정자가 난자의 막을 뚫고 들어갈 때 없어져야 하는 두 개의 단백질이 난자 속으로 들어간 뒤에도 그대로 정자에 달려 있었다고 밝혔다. 정자와 난자가 비정상적인 상호작용을 일으켜 유전적 결함이 발생할 수 있음을 의미하는 일이다.

그러나 새튼 박사는 이 유전적 결함이 ICSI 시술 자체에 의해 발생할 수 있다는 것은 추측뿐이지 명확한 증거는 없다고 말했다. 또 ICSI 시술 후에 나타나는 유전적 결함은 ICSI 시술보다는 아버지의 유전자에 결함이 있기 때문인 경우가 많다고 밝혔다. 더욱이 만일 유전적 결함이 발생하면 태아가 자연 유산되고, 그렇지 않다 해도 검사로 발견될 가능성이 크다고 지적했다.

시험관 아기와 관련된 웃지 못할 에피소드 한 가지. 미국의 백인 여성이 시험관 수정 과정에서 의사의 실수로 한 명은 흑인이고 다른 한 명은 백인인 남자 쌍둥이를 1998년 12월 출산한 사실이 밝혀진 것이다. 이 사건은 시험관에서 수정된 수정란을 자궁에 주입하는 과정에서 자기의 수정란과 다른 여자의 수정란이 동시에 착상된 데서 비롯됐다.

3 꼬리 없는 정자로 임신 성공

사람이 태어나서 청년, 중년, 노년을 거치는 것처럼, 정자와 난자에게도 자라나는 단계가 있다. 완전히 성숙한 정자와 난자가 만나야 수정이 순조롭게 이루어진다. 그렇다면 이들 생식세포가 미성숙한 탓에 임신이 이뤄지지 않는 경우에는 어떻게 해야 할까.

1996년 9월 서울 영동제일병원에서 무정자증으로 판명된 아버지가 쌍둥이를 출산케 해서 화제를 모았다. 이어서 1997년 12월 대구 하나병원에서도 비슷한 사례가 성공했다고 발표됐다. 성숙한 정자가 만들어지기 직전 단계의 원형정세포(round spermatid)를 정소에서 추출해 부인의 난자에 직접 주입함으로써 임신에 성공한 경우다. 세포의 모양은 이름 그대로 둥글기만 할 뿐 정자와 달리 머리와 꼬리가 분화되지 않았다. 성숙한 정자 대신 원형정세포를 사용했다는 점만 ICSI와 다르다.

정자가 정소에서 만들어지는 데는 70여 일이 소요된다. 정자는

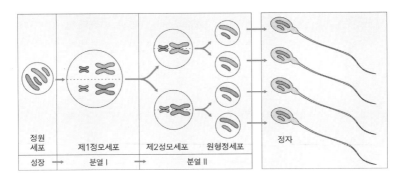

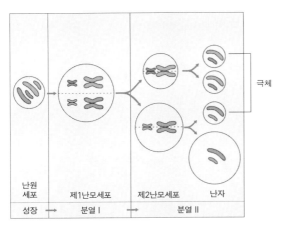

정원세포	제1정모세포	제2성모세포	원형정세포	정자
성장 →	분열 I	→	분열 II	

난원세포	제1난모세포	제2난모세포	난자	극체
성장 →	분열 I	→	분열 II	

생식세포의 분화

정자는 정원세포가 두 차례 분열하면서 제1·2정모세포, 원형정세포를 거쳐 자라난다. 이때 염색체 수는 절반으로 줄어든다. 최근 원형정세포를 이용한 시험관 아기가 탄생함으로써 무정자증 치료의 길이 열리고 있다. 정자와 유사하게 난자는 난원세포, 제1·2난모세포를 거쳐 성숙하면서 염색체 수를 절반으로 줄인다.

정원세포에서 제1정모세포, 제2정모세포, 그리고 원형정세포를 거친 후 만들어진다. 이 기간 동안 일어나는 일 가운데 가장 핵심적인

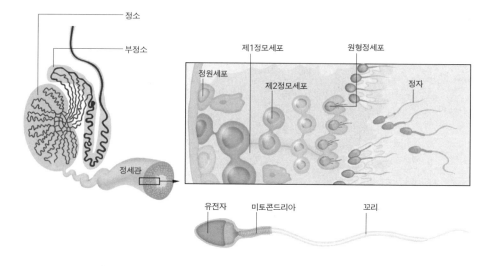

정자의 성숙

정자가 정소에서 만들어지는 과정을 보여주는 그림이다. 여기서 자란 정자는 유전자를 가진 머리와 운
동에너지를 제공하는 미토콘드리아, 운동을 가능하게 해주는 꼬리로 구성된다. 정자는 정세관을 통해
부정소로 이동해 성숙을 마친다.

사항은 염색체 수를 일반 세포에 비해 절반으로 줄이는 일이다.

사람의 세포에는 46개의 염색체가 존재한다(일반 염색체 44개,
성염색체 X·Y). 아기가 46개의 염색체를 가지기 위해서는 아버지
(정자)와 어머니(난자)로부터 각각 23개의 염색체를 받아야 한다.
이를 위해 정자와 난자가 성숙하는 과정에서 염색체의 수가 절반
으로 줄어야 한다. 정자의 형성에서 23개 염색체를 가지기 시작하
는 단계는 제2정모세포부터이며, 국내에서 시술에 성공한 원형정
세포는 정자와 가장 가깝게 분화된 상태다.

이처럼 원형정세포를 난자에 직접 주입하는 방법을 ROSI(ROund

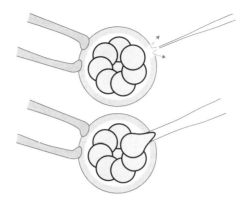

수정란의 검사

8세포기로 자란 수정란에서 세포 1개를 떼어내는 모습. 수정란의 유전자에 이상이 있는지 여부를 조사하기 위해 행해진다.

Spermatid Injection)라고 한다. 성숙한 정자처럼 머리와 꼬리가 있는 것은 아니지만 '결국 전달하려는 유전자만 제대로 전달하면 되는 게 아니냐'는 것이 ROSI의 착안점이다. 현재 과학자들은 제2정모세포도 같은 방법으로 이용하려는 실험을 동물을 대상으로 수행하고 있다. 머지않아 제2정모세포를 활용한 불임 치료가 실현될 가능성이 크다는 게 전문가들의 예측이다.

아버지 불임이 유전될 가능성

이전까지 정자를 하나도 만들지 못하는 남성의 경우 타인의 정자를 제공받아야 임신이 가능했다. 하지만 ROSI의 등장으로 무정자증을 정복하는 시대가 본격적으로 열리게 됐다. 그런데 한 가지 문제가 있다. 이 세포로 태어난 아기가 남성일 경우 아버지처럼 무정자증을 가지게 될지도 모르기 때문이다. 그래서 유럽의 일부 국가에서는 ROSI의 사용 여부를 두고 논란이 일고 있다.

한편 여성의 난자는 정자와 유사한 단계를 밟으며 성숙해진다. 즉 난원세포, 제1난모세포, 제2난모세포를 거쳐 난자가 생성된다. 그런데 여성은 태아 시기에 모든 난원세포(약 200만 개)가 제1난모세포 단계로 변한다. 사춘기에 이르기 전 이 가운데 4분의 3이 퇴화하고, 초경이 시작되면 남은 것 중에 하나가 선택돼 매달 성숙한 난자로 배출된다(이유는 알 수 없지만 성숙한 난자로 자랄 수 있는 수는 400~500개에 머문다).

만일 난자의 성숙이 일어나지 않는다면 생식세포는 제1난모세포 단계에 그대로 머문다. 이때 전통적으로 사용하는 치료책은 성호르몬제를 주입해 성숙을 유도하는 방식이다.

하지만 성호르몬제를 써도 효과가 없거나 심각한 부작용을 일으키는 여성의 경우 다른 방법이 필요하다. 즉 미성숙한 난자를 일단 추출하고 이를 시험관에서 성숙시키자는 발상이다. 여기에 ICSI나 ROSI를 통해 정자와의 만남을 추진하면 수정 가능성이 높아진다. 이 방법은 이미 성공적으로 사용되고 있으며, 국내에서도 30%에 가까운 임신 성공률을 보이는 불임 클리닉이 있다.

4 쥐 정소에서 사람 정자 성숙

1999년 3월 17일 이탈리아의 서베리노 안티노리 박사가 '쥐 인간'
이 태어났다고 밝힌 내용이 보도돼 많은 사람들이 경악했다. 그런
데 사실 쥐 인간이란 말은 다소 과장된 표현이다. 정확히 얘기하면
미성숙한 정자를 쥐의 정소에서 길러 성숙하게 만들었다는 의미다.

이 실험에 참여한 남성은 정소에 결함이 있어 자체적으로 성숙
한 정자를 만들지 못했다. 만일 원형정세포까지 만들 수 있다면
ROSI를 통해 임신이 가능하다. 하지만 훨씬 이전 단계인 정원세포
나 제1정모세포에 머물고 있는 남성이라면 문제가 다르다. 아직 염
색체 수가 절반으로 줄지 않은 탓에 생식세포로서의 자격이 없기
때문이다. 제아무리 기술이 발달했다 해도 '유전자 자격 미달'인
세포를 난자와 수정시킬 수는 없는 노릇이다.

안티노리 박사는 바로 이 생식세포에 자격을 부여하는 실험을
수행한 것이다(아직 학계에 공식적으로 보고되지 않아 사용한 세포
가 정원세포인지 제1정모세포인지 확실치 않다). 즉 쥐의 정소세포
를 시험관에서 배양하고, 여기에 미성숙한 생식세포를 넣고 키웠
다. 이 가운데 성공적으로 성숙한 생식세포를 골라 난자와 수정시
킨 것이다.

그렇다면 왜 사람의 정소세포가 아닌 쥐의 세포를 사용했을까.
안티노리 박사는 "만일 정상적인 다른 사람의 정소세포에서 배양
했다면 여기서 발생한 정자와 불임 남성의 정자가 섞일 우려가 있
기 때문"이라고 이유를 밝혔다. 누구의 정자인지 알 수 없게 돼버

린다는 의미다. 이에 비해 쥐의 정자는 사람의 것과 모양이 다르기 때문에 쉽게 불임 남성의 정자만을 골라낼 수 있다.

안티노리 박사는 이 과정을 거쳐 자라난 정자가 정상이라고 믿는 듯하다. 그는 "이 방법이 임신에 대한 높은 안정성과 효율성을 보장하며, 태아에 대해 어떤 위험도 주지 않는다"고 단언했다. 마치 시험관에서 미성숙한 난자를 성숙시키는 것처럼, 미성숙한 정자를 쥐 정소세포라는 인큐베이터에서 키웠을 뿐이라는 의미다. 따라서 이번에 태어난 아기들은 쥐 인간이 아니라 그냥 인간일 뿐이다.

인큐베이터일 뿐

하지만 안티노리 박사에 대한 비판이 만만치 않다. 사실 사람의 정원세포를 쥐의 정소세포에서 길러 성숙시킨 사례는 이미 보고돼 있다. 그러나 이때 생성된 정자가 과연 정상 기능을 가지는지에 대해서는 연구가 없다. 즉 정자가 자라는 동안 쥐 정소세포로부터 어떤 유독한 영향을 받지는 않았는지, 이 정자로 태어난 아기가 제대로 성장할 것인지(예를 들어 임신 능력이 있을지) 아무도 장담할 수 없다.

이런 상황에서 안티노리 박사는 곧바로 사람을 대상으로 실험에 돌입한 것이다. 안티노리 박사에 따르면 이미 4명이 태어나 자라고 있다고 하니, 이를 둘러싼 논란은 계속될 전망이다.

한편 여성의 경우에도 이와 유사한 일이 실현될지도 모른다. 즉 염색체 수가 절반으로 줄지 않은 제1난모세포를 쥐의 난소 세포 속에서 길러 성숙한 난자로 발생시킨다는 의미다. 현재 생쥐를 대상으로 이런 실험이 활발하게 진행되고 있다. 그렇다면 이번에는 '쥐의 난소에서 자란 난자'를 이용해 태어난 아기가 조만간 등장할지 모를 일이다.

5 정자 은행과 난자 은행

생식 의학의 한편에서는 부부 자신의 정자와 난자를 이용해 임신을 시도하는 연구가 계속되고 있다. 그러나 다른 한편에서는 다른 사람의 정자와 난자를 빌어 임신을 성공시키는 사례가 늘고 있다. 남성의 경우 대표적인 사례는 정자 은행을 이용한 방법이다. 정자를 저온에서 냉동시켜 보관한 뒤 원하는 때에 녹여 수정에 사용한다. 현재의 기술로 수년간 정자를 보존할 수 있다.

　현재 미국과 유럽의 여러 나라에서는 타인의 정자를 사고파는 매매가 합법화돼 있다. 그런데 1992년 마련된 미국 불임학회의 정자공여규정에 따르면, 정자를 제공한 지 6개월이 지나고 나야 정자를 매매할 수 있다. 처음에 합격 판정을 받은 정자라 해도 6개월은 두고 봐야 한다는 판단이다. 정자를 제공할 당시 에이즈를 비롯한 별다른 질환이 발견돼지 않았다 해도 시간이 지나면서 잠재된 병균이 드러날 수도 있기 때문이다.

학력과 건강도 알려주는 족보

정자 은행에 보관된 정자에는 족보를 알 수 있는 리스트가 작성돼 있다. 머리 색깔과 같은 신체적 특성, 지능지수, 학력, 그리고 유전적 결함이 있는지 여부가 기록돼 있기 때문에 정자를 구매하는 사람은 원하는 형태의 정자를 선택할 수 있다.

최근에는 외국의 질 높은 정자를 수입하려는 움직임도 보이고 있다. 1999년 3월 초 영국의 인공임신협회는 영국 남성 정자의 생식력이 낮아 덴마크를 비롯한 유럽 국가에서 정자를 수입할 예정이라고 발표했다. 한국의 경우 법적으로 정자의 매매는 금지돼 있다. 장기나 혈액처럼 정자 역시 신체의 일부이기 때문에 돈을 주고받으며 거래할 수 없다는 생각에서 비롯됐다.

하지만 국내에서도 타인의 냉동 정자를 이용해 태어난 아기가 있다. 이 경우 매매의 명목으로 돈을 주고받지 않고 교통비나 수고료라는 형태로 돈이 지급되기 때문에 법적으로 저촉되지 않는다. 문제는 정자의 족보가 제대로 마련된 것인지, 그리고 충분한 안전성 검사를 마친 것인지 검토할 만한 아무런 제도가 없다는 데 있다. 따라서 각 불임 클리닉에서 어느 정도의 과학성을 갖추고 이런 시술이 행해지는지, 그리고 얼마나 많은 사람들이 행하고 있는지 감을 잡을 수 없다.

물론 정자 은행은 반드시 다른 사람의 정자를 사용하기 위해 만든 것은 아니다. 예를 들어 항암 치료를 앞둔 청소년의 경우 치료 과정에서 생식세포가 손상될 위험이 있기 때문에 미리 정자를 추출해 보관할 수 있다. 무사히 항암 치료를 마쳤다면 결혼 후 자신의 냉동 정자를 녹여 시험관 아기를 낳을 수 있다. 또 피임을 위해 정관수술을 받을 남성이 나중에 아기를 가지고 싶어할 경우를 대비해 정자 은행에 보관할 수 있다.

정자 은행이 만들어진 이후 난자 역시 냉동시켜 보관하려는 시도가 계속되고 있다. 남성과 달리 여성은 50대를 전후해 더 이상 난자를 만들 수 없는 폐경기를 맞는다. 심한 경우 30대부터 폐경이 시작되는 여성도 있다. 그렇다면 가급적 젊을 때 건강한 난자를 추출해 냉동시켜 보관하면, 폐경기에도 아기를 가질 수 있지 않겠는가. 특히 직장에 다니는 여성의 경우 자신의 계획에 따라 30대에 아기를 가지고 싶다면 20대에 미리 난자를 보관하고 싶은 욕구가 생길 수 있다. 백혈병이나 난소암에 걸린 환자들의 경우 이런 욕구는 더욱 크다.

1997년 11월 마리아 불임 클리닉에서는 소의 난자를 급속히 냉동한 후 녹여 시험관에서 수정시키는 데 성공했다고 밝혔다. 그리고 1998년 10월 차병원 여성의학연구소는 사람의 난자를 대상으로 냉동 실험에 성공했다고 한다. 여기서 성공했다는 말은 실험에 사용된 난자 가운데 80~90%의 높은 비율의 난자가 생존 또는 수정했다는 의미다. 자세한 이유는 밝혀지지 않았지만 이전까지 난자의 냉동 보관은 정자에 비해 훨씬 어려워 고작 10% 내외에 불과한 성공률을 나타냈을 뿐이었다.

하지만 정작 중요한 단계는 이 난자로 생성된 수정란이 어머니의 자궁에 무사히 착상될 수 있는지 여부다. 현재로서는 난자 은행에서 보관된 난자를 이용해 태어난 아기는 보고되지 않았다. 다만 동물의 경우 이 일이 가능하다는 점이 밝혀졌다.

2001년 2월 국내 최초로 난자 은행에서 보관중인 미수정 난자를 이용해 송아지가 태어났다. 이에 따라 우수한 혈통의 암소 씨를 영구히 냉동보관하다 필요할 때 녹여 쓸 수 있는 길이 열렸다. 만일 이 방법을 인간에게 적용할 경우 여성이 원하는 시기에 임신할 수 있을 것이다.

마리아병원 생명공학연구소(소장 박세필)는 한우 암컷으로부터 채취해 냉동 보관 중이던 난자와 우량 수컷의 정자를 체외 수정시켜 '엘리트 암송아지' 1두를 탄생시켰다. 박 소장은 "세계적으로 냉동보관중인 동물 난자를 이용해 수정에 성공시킨 사례는 미국, 일본, 덴마크에 이어 네 번째이며, 국내에서는 최초"라고 설명했다. 이 연구는 농협중앙회 가축개량사업소(소장 이종우)와 공동으로 실시됐다.

난자 은행을 만들기 어려운 이유는, 난자 내 수분을 충분히 제거하지 않은 채 얼리면 잘 부서질 위험이 있고, 저온에서 핵과 미세소기관이 손상될 가능성이 크기 때문이다. 이에 비해 정자의 경우 크기가 훨씬 작고 수가 많기 때문에 냉동보관 성공률이 상대적으로 높다. 그래서 '정자 은행'은 이미 세계적으로 운영되고 있다.

박 소장은 "초자화동결법이라는 급속냉동법을 이용, 난자 내 수분을 젤리와 같은 반고체 상태가 유지되도록 만들어 90%의 생존율을 보였다"며 "이론적으로는 난자를 영구 보관할 수 있는 획기적인 냉동법"이라고 설명했다. 당시 마리아병원 생명공학연구소에는

1만 2,000여 개의 소 난자가 냉동 보관 중이었다.

만일 난자 은행이 활성화된다면 정자 은행과 마찬가지로 다른 여성의 난자를 이용해 임신을 시도하는 일이 지금보다 늘어날 것이다. 1999년 3월 영국의 일간지 《인디펜던트》는 영국의 불임 여성들이 품질 좋은 난자를 구입하기 위해 미국으로 건너가는 사례를 보도했다(영국에서는 난자를 매매하는 일이 법적으로 금지되어 있다). 특히 지능지수(IQ)가 150대인 미국 명문여대생의 난자는 수만 달러에 달하는 비싼 가격에도 불구하고 높은 인기를 끌고 있다고 한다. 3월 초에는 '키 178cm, 수학능력시험 1,400점 이상인 건강한 여성의 난자를 5만 달러에 구함' 이라는 광고가 미국의 명문인 아이비리그 대학신문들에 실렸다. 난자 은행이 문을 연다면 이런 매매 추세는 더욱 가속화될 것이다.

세포질만 살짝 빌려

타인의 난자 일부를 빌려 임신하려는 시도도 있다. 많은 여성의 경우 나이가 들수록 임신율이 떨어지는 이유는 세포질의 기능 저하에 있다고 한다. 즉 유전 물질을 담고 있는 핵에는 별다른 변화가 없는데 비해 핵을 둘러싼 세포질에 어떤 이상이 생겨 불임의 원인으로 작용한다는 말이다. 그렇다면 건강한 여성의 세포질만 빌려 아기를 낳을 수 있지 않을까. 가능한 얘기다. 실제로 작년 미국에서 이 방법을 통해 아기가 태어나는 데 성공했다.

하지만 이 방법은 두 명의 유전자가 결합된 형태가 아니냐는 지적을 받고 있다. 세포질에는 핵에 없는 유전자를 가진 미토콘드리아라는 소기관이 존재하기 때문이다. 즉 아기는 한쪽 여성에게서 핵을, 그리고 다른 여성으로부터 미토콘드리아 유전자를 제공받은 셈이다.

2001년 5월 4일 영국 BBC 방송은 세계 최초로 '유전자 변형 아기'가 탄생했다는 소식을 전해 세상을 놀라게 했다. 며칠 후인 5월 10일 국내에서도 똑같은 방식으로 아기가 임신된 적이 있다는 사실이 밝혀져 충격을 더했다. 하지만 '변형'이란 표현은 잘못된 것이었다. 바로 세포질을 빌려 임신한 경우를 잘못 보도한 결과였다.

아기가 태어난 곳은 미국 뉴저지 주에 있는 세인트 바나바스 메디컬센터의 생식의학연구소. 자크 코헨 박사팀이 "불임 치료 과정에서 부모 외에 다른 여성의 유전자까지 갖고 있는 아기가 태어났다"고 영국의 의학전문지 《휴먼 리프러덕션》에 발표했는데 이것이 화제가 된 것이다. 여기서 말하는 '다른 여성의 유전자'는 바로 난자에 포함된 미토콘드리아 유전자를 의미한다. 결국 아기는 정자와 난자를 통한 아버지와 어머니의 유전자는 물론 세포질을 제공한 여성의 미토콘드리아 유전자도 갖고 있는 셈이다.

6 첨단 대리모 인공 자궁

정자와 난자가 여성의 나팔관 안에서 제대로 수정됐다 해도 자궁에 이상이 있으면 수정란은 자궁 내막에 착상하지 못한다. 또 무사히 착상한다 해도 아기로 자라나지 못하기 쉽다. 선천적으로 자궁의 모양이 기형이거나 자궁종양과 같은 질환이 있는 경우 임신이 어렵다. 이때 제3의 여성, 즉 대리모가 아기를 대신 낳아주는 일이 행해지고 있다.

그러나 대리모의 존재는 사회적으로 많은 논란을 일으키고 있는 게 사실이다. 난자와 자궁 모두에 이상이 있는 불임 여성의 경우를 생각해보자. 한 여성으로부터 난자를 기증받고, 또 다른 여성에게는 자궁을 빌려 아이를 낳았다면, 이 아이의 어머니는 모두 세 명이다. 난자를 제공한 여성은 유전학적 어머니, 자궁을 빌려준 여성은 생물학적 어머니, 그리고 이 일을 의뢰한 여성은 사회학적 어머니다. 그렇다면 누가 진짜 어머니인가. 이 아이는 누구에게 효도를 해야 할까.

염소 새끼 3주 생존

이 알쏭달쏭한 문제를 해결하는 방책으로 현대 과학은 새로운 해답을 제시하는 듯하다. 그 누구의 몸에서도 자라지 않으면서 아기를 키울 수 있는 존재, 즉 인공 자궁의 개발이다.

1997년 7월 18일 일본 준텐도 대학 부인과 연구팀은 수정 후 2개월 된 염소새끼를 기를 수 있는 인공 자궁을 만들었다고 발표했다. 연구팀은 플라스틱 박스 모양의 인공 자궁 내부에 염소 체온과 비슷한 온도의 양수를 채웠으며, 염소 배꼽에 인공 자궁 바깥으로 투석기를 연결해 혈액을 계속 정화시켰다. 생존 기간은 3주였다.

연구팀은 사람의 태아를 기를 수 있는 인공 자궁이 만들어지려면 적어도 10년이 걸릴 것이라 예측했다. 과연 인공 자궁이 개발될 수 있을까.

인공 자궁에 대한 연구는 크게 두 가지 방향으로 진행되고 있다. 하나는 일본에서 개발한 경우처럼 자궁을 대체할 새로운 배양 시스템을 만드는 일이다. 최근 미국에서는 생쥐 수정란을 10일 정도 생존시킨 인공 자궁 시스템을 만드는 데 성공했다. 생쥐의 임신 기간이 20일 내외인 것을 볼 때 적어도 생쥐의 경우 인공 자궁의 실현이 멀지 않은 느낌이다.

또 다른 연구는 실험실에서 자궁세포층을 만들어 수정란이 이곳에 착상할 때 어떤 현상이 일어나는지 알아내는 기초 분야다. 몸속에서 수정란이 착상할 시기(수정 후 1주일)가 오면 자궁내막은 착상이 잘 되도록 성질을 변화시킨다. 이때 구체적으로 어떤 변화가 일어나는지, 그리고 착상된 이후 자궁내막은 어떤 역할을 하는지 알아낸다면 인공 자궁을 실현하는 데 커다란 진전을 이룰 것이다.

최근 국내에서는 인간의 경우 착상이 일어나기 직전 자궁내막의 상태가 어떤지를 알 수 있는 모델을 개발했다. 앞으로 남은 과제는 여기에 수정란이 착상하기 시작하면 어떤 일이 벌어지는지 밝히는 일이다.

한편 이런 연구 방향과는 전혀 다른 곳에서 인간 자궁의 가능성이 제시돼 관심을 끌고 있다. 복제 기술과 유전자 조작 기술을 이용해 인공 자궁을 비롯한 인공 장기가 생산될 가능성이다.

1997년 10월 영국에서는 개구리 수정란의 유전자를 조작해 원하는 '머리 없는 올챙이'를 만드는 데 충격적인 사실이 보도됐다. 마음만 먹는다면 원하는 부위의 발달을 막을 수 있게 됐다는 의미다.

이 사실이 보도되자 한 생명공학박사는 "앞으로 5~10년 사이에 머리가 없는 복제 인간의 등장이 가능할 것"이라고 말해 사회적으로 커다란 윤리 논쟁을 일으켰다. 즉 이 기술이 인간 복제 기술과 결합하면, 인공 자궁과 같은 원하는 기관의 성장만을 허용하고 나머지 부분은 발달하지 못하도록 유전자를 조작할 수 있다는 설명이었다.

뇌 없으면 살인죄 해당 안 돼?

이 방법의 가장 큰 장점은 인간 복제에 따른 법적·윤리적 문제를 피해갈 수 있어 보인다는 점이다. 예를 들어 인간을 복제한 후 어떤 형태로든 장기를 취한다면 이것은 엄연한 살인에 해당한다.

이에 비해 처음부터 복제 세포의 유전자를 조작해 뇌와 신경계가 발달하지 못한 사람을 만든 후 특정 부위의 장기만을 얻을 수 있지 않을까. 물론 이런 발상은 과학적으로 가능한가를 떠나 생명체를 마음대로 조작한다는 점 때문에 세계 여론의 거센 반발을 받았다.

남자도 임신이 가능할까

1999년 2월 영국의 한 불임시술 전문가가 '남성도 임신이 가능하다'는 놀라운 주장을 했다고 영국의 《선데이타임스》가 보도했다. 어떻게 이런 일이 가능할까. 어머니 뱃속에서 태반이 형성될 즈음 이것을 들어내 아버지의 뱃속으로 옮긴다는 발상이다. 그는 "태아를 태반과 함께 남성의 복부에 이식할 수 있으며 태반을 통해 태아는 영양을 공급받고 내부 장기와 연결될 수 있다"고 설명했다. 10개월 간 아버지의 뱃속에서 자란 아기는 제왕절개수술로 출산할 수 있다고 한다. 하지만 이 경우 여성호르몬을 다량 주입해야 하기 때문에 남성은 가슴이 커지는 등의 여성화를 각오해야 한다.

이 발표가 있기 전까지 '남성이 임신한다'는 발상은 영화 〈주니어〉의 소재로 소개된 정도였다. 주인공인 생화학 박사 알렉스(아널드 슈워제네거)와 불임 전문의 닥터 래리(대니 드비토)가 자신들이 개발한 유산 방지 및 임신 보조제가 당국의 '인체 실험 불가' 판정을 받자 기발한 생각을 해냈다. 동료의 난자를 몰래 훔쳐 알렉스의 정자와 결합시킨 뒤 그 수정란을 알렉스의 몸에 이식해 남자인 그가 아이를 낳는다는 줄거리다.

하지만 영국 과학자의 발표로 더 이상 이런 일이 영화에서나 나올 법한 얘기가 아닐 가능성이 생겼다. 이 과학자는 조만간 자신의 논리를 정리해 책으로 발간할 계획이어서 세인의 관심을 모으고 있다.

사실 현대의 불임학자들은 남성의 임신이 '이론적으로는' 가능하다는 데 동의한다. 만일 이 일이 실현된다면 아기를 갖기 원하는 남성 동성애자 부부나, 부인이 임신할 수 없는 부부에게 많은 도움을 줄 수 있을 것이다.

III

유전 형질의 전환

>>> 유전자 조작 식품 먹어도 되나

1 건강에 영향 없다 vs 있다

웬만한 병충해에 끄떡없는 콩, 오래 저장해도 무르지 않는 토마토. 유전자를 변형시켜 만든 양질의 농작물이 풍요로운 장밋빛 미래를 약속하고 있다. 하지만 이들이 건강과 생태계에 미치는 영향에 대해서는 전문가들 사이에서 팽팽하게 의견이 맞선다. 이에 시민들이 3개월에 걸쳐 20회의 전문가 강의를 듣고 유전자 조작 식품에 대한 입장을 밝히고 나섰다.

"유전자 조작 식품이 정말 건강에 해를 끼치지 않는 안전한 식품입니까?" "기존의 식품과 다를 바가 없습니다. 과학자들은 엄밀한 실험 과정을 통해 유전자 조작 식품의 안전성을 입증해왔습니다."

"아닙니다. 유전자 조작 기술은 생명체에 돌연변이를 양산하는 기술일 뿐입니다. 유전병에 걸린 작물을 먹으면 장기적으로 몸에 해로울 게 뻔합니다."

프랑켄슈타인 식품

1998년 11월 15일 일요일 오후 2시 숭실대학교 사회봉사관에서 이색 재판이 열렸다. 법정의 한편에는 검사와 변호사역을 맡은 과학 기술자 10여 명이 앉아 있었다. 맞은편에는 이들의 최종적인 변론을 듣기 위해 시민으로 구성된 배심원 13명이 자리를 잡았다.

이 날의 피고는 유전자 조작 식품. 자연산보다 양질의 품종을 얻기 위해 외래 유전자를 삽입해 기른 농작물, 그리고 이것을 원료로 삼아 만든 식품을 총괄하는 개념이다. 예를 들어 병충해와 농약에 잘 견디는 콩이나 옥수수, 오래 저장해도 무르는 법이 없는 토마토가 그들이다.

일부에서는 유전자 조작 식품을 '프랑켄슈타인 식품(Franken-stein foods)'이라고 부른다. 프랑켄슈타인은 서로 다른 사람의 시체에 있는 신체 부위를 모아 만들어진 괴물을 말한다. 이와 마찬가지로 유전자 조작 식품 역시 한 유기체의 유전자를 또 다른 유기체의 유전자와 결합했다는 의미에서 붙여진 이름이다.

시민 대표가 말문을 열었다. "오늘은 그동안 전문가들께서 강의한 내용에 대해 마지막으로 추가 질문을 드리는 자리입니다. 저희들은 학문적으로 문외한이지만 나름대로 최선을 다해 강연 내용을 이해하려고 애썼습니다. 지금의 토론을 마치고 오늘 밤부터 유전자 조작 식품에 대한 시민의 입장을 정리해 내일 발표할 것입니다."

순간 전문가와 시민 사이에 긴장감이 돌기 시작했다. 9월 이후 두 차례에 걸친 예비 모임과 하루 전날 시작된 본 행사까지 총 20

회의 전문가 강연이 끝나고 마침내 결론을 내릴 시점이 다가왔기 때문이다.

이 행사의 공식적인 명칭은 '유전자 조작 식품의 안전과 생명 윤리에 관한 합의회의'. 1998년 7월 유네스코 한국위원회는 언론과 방송을 통해 유전자 조작 식품에 대한 시민의 입장을 개진할 사람을 공개 모집했다. 지원자 수는 40여 명. 주최측은 면접을 통해 유전자 조작 식품에 대해 아무런 전문 지식이나 이해 관계가 없는 14명을 최종 선발했다(1명은 교통 사고를 당해 본 행사에 불참했다). 이들의 직업은 주부, 학생, 농민, 무직 등 다양했고, 연령대도 골고루 분포됐다(20대 5명, 30대 5명, 40~60대 4명).

선발된 시민의 임무는 단 한 가지. 유전자 조작 식품에 대한 전문가의 강의를 듣고 '시민의 입장'에서 의견을 제시하는 일이다.

시민들이 질문에 나섰다. 일단 이전의 강연에서 명확치 않아 보이는 사실들을 확인하는 일부터 시작됐다. "모 우유 회사에서 선전하는 치즈에 채소 성분이 들어 있다고 하는데, 유전자가 조작된 치즈가 이미 국내에서 개발된 게 아닌가요? 또 어제 어떤 분 말씀으로는 국내에서 개발된 인공 씨감자가 외국에 수출되고 있다던데요."

전문가들이 답변할 차례였다. "아직 국내에서 자체 개발된 식품은 없습니다. 그리고 인공 씨감자는 외래 유전자를 삽입한 게 아닙니다. 단지 실험실에서 콩알만한 크기의 씨감자를 인공적으로 배양하는 데 성공했다는 의미입니다."

질문은 단순한 사실 확인에서 '전문가들의 솔직한 견해를 밝혀달라'는 요구로 넘어갔다. 가장 핵심적인 사항은 유전자 조작 식품이 인간과 생태계에 해를 끼치는지 여부였다.

새로운 종류의 식중독 사건

여기서부터 전문가 사이에서 의견이 엇갈리기 시작했다. 먼저 건강 문제. 검사역을 맡은 전문가들은 유전자 조작 식품이 건강에 해를 끼친 증거를 제시하면서 유죄를 주장했다. 대표적인 사례는 1989년 미국에서 발생한 트립토판 사건. 트립토판은 식품 첨가제로 흔히 사용되는 아미노산(단백질의 기본 성분)의 일종이다. 과학자들은 미생물에 트립토판 유전자를 삽입한 후 미생물을 증식시켜 대량의 트립토판을 얻는 데 성공했다.

문제는 이 트립토판이 첨가된 식품을 먹고 36명이 사망하고 1만여 명 이상의 환자가 발생했다는 점이다. 몸에서 백혈구 수가 증가하고 심한 근육통 증상을 보이는 전혀 새로운 종류의 병이었다. 미국은 그해 11월 트립토판 첨가 식품을 먹지 말라고 비상 경고령을 내렸다.

이처럼 확실한 증거는 아니지만 인체에 해를 끼칠 가능성이 농후한 사례도 여럿 있다. 미국의 한 회사는 콩의 영양분을 더욱 증가시키기 위해 브라질산 땅콩의 특정 유전자를 콩에 삽입했다. 가축 사료용으로 만들 계획이었다.

그러나 회사측은 이 콩의 상품화를 포기했다. 브라질산 땅콩에 알레르기 반응을 보이는 사람이 이 콩을 먹으면 역시 알레르기 증상을 보인다는 검사 결과가 나왔기 때문이다. 이 콩으로 길러진 가축을 사람이 먹을 경우 그런 증세가 일어나지 않으리란 보장이 없었다.

한편 유전자를 조작할 때 원하는 유전자가 제대로 목표물에 삽입됐는지 확인하기 위해 흔히 표식 유전자가 함께 사용된다. 즉 목표물에서 표식 유전자가 발견되면 원하는 유전자가 올바르게 삽입됐다는 의미다. 가장 많이 사용되는 표식 유전자는 항생제에 잘 견디는 특성을 가진 유전자다. 현재 미국 식품의약국(FDA)이 검토한 52종의 유전자 조작 농작물 중 31종에서 항생제 내성 유전자가 이 용도로 사용되고 있다.

그렇다면 표식 유전자가 사람의 장에 들어왔을 때 별다른 위험이 없는 것일까. 이 유전자가 만든 단백질이 알레르기나 독성을 일으키지 않을까. 만일 항생제를 복용하는 사람이라면 표식 유전자의 내성 때문에 약발이 전혀 안 먹히는 것이 아닐까.

변호인단의 반론이 시작됐다. 이들은 검사측의 기소 내용에 대해 조목조목 구체적으로 반박하면서 안전성을 주장했다. 먼저 트립토판의 경우 정제 과정에서 불순물이 충분히 제거되지 않은 탓에 발생한 문제일 뿐이라는 설명이다. 또 표식 유전자를 비롯해 인체에 알레르기나 독성을 일으킬 수 있는 물질은 엄격한 실험을 통해 안전하다고 판단되는 종류만 시판되고 있다.

현재까지 표식 유전자가 장내에서 활성화돼 단백질을 만들어내는 경우는 보고된 적이 없다. 또 표식 유전자는 위산이나 핵산 분해 효소에 의해 거의 분해돼 없어진다. 따라서 자신의 특성인 항생제 내성을 발휘할 기회는 없다.

물론 유전자 조작 식품의 안전성은 끊임없이 과학적으로 평가돼야 한다. 하지만 이 과정은 유전자가 조작된 식품이기 때문에 특별히 필요한 것이 아니다. 사람들이 매일 섭취하는 음식에 대해 이런 평가가 시행되고 있으며, 유전자 조작 식품 역시 그 중 하나일 뿐이다. 유전자 조작 식품이 마치 위험한 기형 음식인 양 색안경을 끼고 쳐다보는 것은 잘못이다. 무엇보다도 미국과 유럽, 그리고 일본과 같은 선진국에서 이미 안전성 판정을 받았고, 수많은 사람들이 현재 별다른 문제 없이 먹고 있다는 점을 잊어서는 안 된다.

사실 변호인단이 가장 말하고 싶은 것은 세계의 식량 부족 문제였다. 세계 인구가 끊임없이 증가해 현재의 60억 인구는 2020년에 80억에 이를 것으로 추정되고 있다. 이 엄청난 인구의 증가에 따른 식량 부족 문제를 기존의 식량 생산 방법으로는 도저히 해결할 수 없다는 게 변호인단의 생각이다. 따라서 유전자 재조합을 통해 질병에 견디는 힘이 강하면서도, 농약의 해를 받지 않으며, 수확량도 많고, 저장 중에도 쉽게 썩지 않는 우수한 품종을 확보하는 일이 시급하게 요구되고 있다.

세계인 이미 먹고 있어

양쪽의 팽팽한 주장이 마무리되자 배심원들로서는 개운함보다 혼란감이 더 커진 느낌이었다. 변호사측 과학자들이 아무리 안전성을 보증한다 해도 시민으로서는 예상치 못한 결과가 발생할 수 있다는 불안감을 말끔히 지울 수 없다. 반대로 검사측 과학자들은 잠재적 위험성을 다소 막연하게 되풀이할 뿐이었다. 양쪽 모두 속시원한 대답이 아니었다.

더욱 답답한 점은 유전자 조작 식품의 실체가 무엇인지도 모르는 사이 이것이 이미 우리의 식탁에 오르고 있다는 점이다. 얼마 전 미국은 1997년 자국에서 수확한 콩의 13%와 옥수수의 3.5%가 유전자를 변형시킨 곡물이라고 밝혔다. 그리고 1998년에는 30% 이상으로 그 양을 늘렸다는 말도 덧붙였다.

미국은 1997년 자국에서 수확한 콩의 13%와 옥수수의 3.5%가 유전자를 변형시킨 곡물이라고 밝힌 적이 있다. 그리고 1998년에는 30% 이상으로 그 양을 늘리고 있다는 말도 덧붙였다.

또 1999년 3월 미국 농무성은 당시 미국 시장에 선보인 유전자 조작 식품은 옥수수, 평지씨의 유전자 변형 식품인 카놀라, 파파야, 감자, 레이디아이, 호박, 토마토 등 다양하다고 밝혔다. 이렇게 많은 종류의 식품이 미국인들의 식탁에 오르고 있지만 소비자들은 어떤 감자나 토마토가 유전자 조작 식품인지 확인할 수 있는 방법이 없다. 1992년 미국 식품의약국이 제정한 공식적인 생물공학 가이드 라인에 따라 유전자 조작 식품을 특별히 표시할 필요가 없기 때문이다.

한국이 매년 수입하는 콩과 옥수수의 절반 이상이 미국에서 들어오고 있다. 그렇다면 우리와 친숙한 음식인 콩기름이나 두부, 메주에 이미 변형된 유전자가 포함돼 있을 가능성이 크다. 세계적인 점포망을 지닌 패스트푸드점에서 판매하는 야채류는 더 말할 것도 없다. 다만 정확한 함량을 모를 뿐이다.

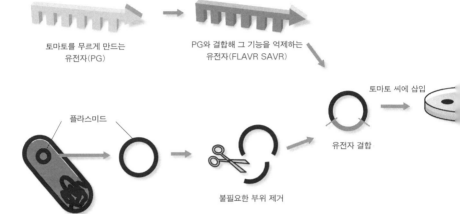

무르지 않는 토마토의 생성 원리

토마토를 무르게 하는 유전자(PG)를 추출하고, 이 유전자와 결합해 기능을 상실하게 만드는 새로운 유전자 플레브 세이브(FLAVR SAVR)를 합성한다. 플레브 세이브를 박테리아의 작은 DNA 조각인 플라스미드에 결합시킨 후 토마토 씨에 삽입한다. 다 자란 토마토에서 플레브 세이브 유전자가 발현되면 PG의 기능이 억제된다. 즉 토마토는 물러지지 않는다.

2002년 7월 9일 한국 식품의약품안전청은 2001년 7월부터 2002년 5월까지 국내 유전자 조작 식품 수입 신고 현황을 분석한 결과를 발표했다. 이 발표에 따르면 유전자 재조합 표시 대상 수입 식품 가운데 실제 유전자 재조합 식품(농산물 또는 가공 식품)은 수입 건수 기준으로 16%, 수입 중량 기준으로 45% 가량을 차지하는 것으로 조사됐다.

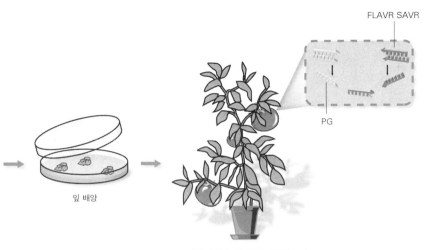

FLAVR SAVR

PG

잎 배양

FLAVR SAVR 유전자를 함유한 토마토

한국의 경우 2002년 1월부터 유전자 조작 식품에 대해 소비자들이 알아볼 수 있도록 'GMO 표시제'가 시행되고 있다. 식품의약품안전청은 GMO 표시제 시행 이후 콩과 옥수수, 콩나물 등 3개 농산물이나 이를 주 원료로 만든 가공 식품을 제조 또는 수입할 때 반드시 유전자 재조합 처리된 콩이나 옥수수, 콩나물의 사용 여부를 표시토록 의무화하고 있다.

하지만 표시제가 과연 제대로 시행되고 있는지에 대해서는 여전히 논란이 많다. 2002년 5월 14일 환경운동연합은 GMO 표시를 하지 않은 식품이 서울과 경기도 지역 대형 백화점 등의 식품 매장에서 팔리고 있다고 주장했다. 환경운동연합에 따르면 서울과 고양의 백화점과 대형 유통 매장 6곳에서 콩류 48개와 옥수수류 53개, 감자류 7개, 콩나물 7개 제품을 수거한 뒤 전문 기관을 통해 분석한 결과, 콩류 제품 8개에서 GMO가 검출됐다.

한편 우리의 주식인 벼에 대해서도 유전자 조작의 손길이 미치고 있다. 2000년 2월 초 중국이 처음으로 유전자 조작 쌀 개발에 성공해 곧 생산에 들어간다는 보도가 나왔다. 중국 관영 신화사 통신은 자국내 한 연구소에서 개발한 유전자 조작 쌀을 분석한 결과 동물과 인체에 무해한 것으로 밝혀졌다고 전했다. 새로운 쌀은 제초제에 저항하는 유전자가 있어 제초제를 뿌릴 경우 주변 잡초만 없애고 벼에는 아무런 영향을 받지 않는 것으로 알려졌다.

중국이 유전자 조작 쌀에 관심을 기울이는 것은 13억 인구의 식량 문제를 해결하기 위해서다. 중국은 매년 약 2억 톤의 쌀을 생산하고 있으며, 이 가운데 350만 톤 가량을 수출하고 있다.

유전자 조작 쌀을 개발하려는 노력은 미국과 일본에서도 마찬가지로 진행되고 있다. 미국의 몬산토 사와 아벤티스 사는 2002년 생산 개시를 목표로 제초제 저항 벼 연구에 몰입하고 있다. 일본의 경우 일본담배산업(JT)이 이 분야 연구에 가장 적극적이다. 저단백질 쌀을 만드는 유전자를 도입한 벼를 개발해 양조용 제품과 밥맛이 좋은 제품을 만들고 있다.

어느 것이 천연산이고 어느 것이 변형된 작물인지 알 수 없는 점도 큰 문제다. 미국에서는 천연산 작물과 변형된 작물을 아예 섞어서 자국과 외국에 팔기 때문에 겉으로 봐서는 구별이 어렵다. 여기에는 유전자 변형 작물이 안전하기 때문에 따로 구분해 표시할 필요가 없다는 생각이 깔려 있다. 미국의 경우 유전자 조작 콩을 만드

유전자 조작 식품이란

'조작'이라는 말은 음모나 왜곡과 같은 부정적인 의미를 지닌 것처럼 느껴진다. 그래서 '유전자를 조작했다'는 말은 마치 유전자를 나쁜 목적을 위해 변조시킨 듯한 뉘앙스를 풍긴다. 하지만 유전자 조작이란 말은 유전자를 변형(modification) 또는 재조합(recombination)시켰다는 의미일 뿐이다. 기존의 농작물에 다른 종(동물, 식물, 미생물)의 특정 유전자를 삽입함으로써 새로운 형질을 갖추게 된 농작물, 그리고 이로부터 가공된 각종 식품을 가리켜 '유전자 조작 식품'이라고 부른다.

유전자 조작 농작물은 중국에서 1990년 초에 바이러스에 대한 내성이 강한 유전자 조작 담배를 개발하면서 시작됐다. 1994년에는 유전자 조작을 통해 최초의 상품이 시판됐다. 미국 칼진 사에서 개발한 일명 플레브 세이브(FLAVR SAVR) 토마토다. 저장 기간을 늘리기 위해 잘 무르지 않도록 만든 제품이다.

원리는 간단하다. 토마토의 유전자 중에서 토마토를 무르게 만드는 유전자를 찾아내고, 이로부터 유전 공학 기법을 이용해 그 활동을 억제하는 새로운 유전자인 플레브 세이브를 만들어낸다. 이 억제 유전자를 박테리아의 작은 DNA 가닥(플라스미드)에 붙이고 박테리아를 증식시키면 억제 유전자의 양은 대폭 증가한다. 이것을 토마토에 주입해 기르면 무르지 않는 토마토가 자라난다.

이후 1998년까지 미국 식품의약국(FDA)의 검증이 완료돼 시판되는 제품은 39가지로 옥수수 13종, 콩 3종, 면화 3종, 식용유 지류 8종, 토마토 4종에 달하고 있다. 또한 토마토 7종을 비롯해 벼, 밀 등 약 40종의 농산물의 연구 개발이 완료돼 상품화를 위해 시험 단계에 있거나 시판을 위해 등록 과정에 있다.

　　몬산토 사는 유전자 조작 농작물의 개발과 판매에 가장 적극적으로 매달리고 있다. 이 회사는 1993년 칼진 사 주식의 49.9%를 구입해 자회사로 영입함으로써 플레브 세이브 토마토를 세상에 등장시키는 데 중요한 역할을 담당했다. 1996년에는 독성이 너무 강해 잡초는 물론 농산물까지 죽이는 제초제 '라운드업'에 견디는 콩을 만드는 데 성공해 연 10억 달러의 수입을 올렸다.

는 몬산토 사의 대변인에 따르면 미국인이 콩이 첨가된 가공 식품을 먹을 때마다 유전자 조작 콩을 섭취할 확률은 30%에 달한다. 미국에서 콩은 1만여 가지의 가공 식품 중 60%에 첨가되고 있다.

2 환경 오염 줄어든다 vs 알 수 없다

다시 시민 법정으로 돌아가보자. 예정보다 토의 시간이 길어지자 배심원 대표가 10분 간 휴정을 선언했다. 건강 문제는 아무리 오래 얘기해도 끝이 없을 것 같았다. 한정된 시간에 회의를 마치기 위해서는 미진하나마 토의를 일단 마무리해야 했다. 휴식이 끝난 후 논의는 유전자 조작 식품이 생태계에 미치는 영향으로 이어졌다.

건강 문제와 달리 이 주제에 대해서는 검사측과 변호사측이 대략 일치된 견해를 보였다. 한마디로 '유전자가 조작된 곡물이 장기적으로 생태계를 파괴할 위험이 충분히 있다'는 내용이었다.

슈퍼 잡초의 횡포

유럽의 경우 주요 농작물인 옥수수를 생산할 때 해충이 늘 골칫거리였다. 해마다 겪는 피해가 수백만 달러에 달했다. 그래서 해충 피해를 막기 위해 옥수수 생산에 유전공학을 도입하기 시작했다. 생물 중에는 병충해에 잘 견디는 개체들이 있다. 이들의 유전자에서 병충해 저항 기능을 담당하는 부위를 잘라 옥수수 유전자에 이식시키면 옥수수의 내성은 강해진다. 당연히 수확량이 늘어날 것이다.

그러나 1996년 8월 유럽연합은 유전적으로 개량된 옥수수를 생산하지 말아야 한다는 결정을 내렸다. 유전자가 조작된 곡물이 이전보다 더욱 강력한 병충해를 등장시킬 수 있기 때문이다. 1992년 미국 미시간 주립대학은 바이러스에 저항성을 지닌 유전자 재조합 담배 125포기를 재배했다. 기대대로라면 이 담배는 더 이상 바이러스에 감염되지 않고 건강하게 자랐어야 한다.

하지만 다른 결과가 나왔다. 이 중에서 이전보다 훨씬 강력한 바이러스에 감염된 개체 4포기가 발견된 것이다. 바이러스가 내성이 생겨 웬만한 저항에도 견디도록 단련된 탓이다.

문제는 여기에 그치지 않는다. 만일 농약에 내성을 지니도록 유전자가 조작된 식물의 꽃가루가 바람을 타고 주변의 다른 식물에 옮겨간다면 어떨까. 생각지도 않던 슈퍼 잡초가 생겨 약을 아무리 뿌려도 제거되지 않는 상황이 벌어질 수 있다. 더욱이 슈퍼 잡초는 생명력이 더욱 강해진 탓에 주변의 다른 식물과의 경쟁에서 혼자 살아남아 생태계를 교란시킬 수 있다.

생태계에 대한 토의가 마무리될 즈음 변호사측의 전문가 한 명이 다른 의견을 제시했다. 슈퍼 잡초의 경우 다른 종류의 제초제를 뿌리면 금새 제거될 수 있기 때문에 그렇게 심각한 문제가 아니라는 설명이었다.

또 유전자 조작에 의해 농약에 잘 견디는 작물을 기르면 기존의 농약 사용량이 10~40% 줄어 환경 보호의 측면에서도 유리하다는 점을 강조했다. 예를 들어 벼농사를 지을 때 잡초를 없애기 위해서는 벼는 살리고 잡초는 죽이는 농약을 써야 한다. 이와 같은 선택적 농약은 벼와 잡초를 모두 없애는 무차별적 농약에 비해 훨씬 많이 뿌려야 효과를 발휘한다. 왜 그럴까.

선택적 농약은 벼가 갖지 않은 잡초만의 특정 생리 기능을 억제해야 한다. 그런데 이 기능은 잡초의 생명을 유지하는 데 적은 비중을 차지한다. 이 기능을 집중적으로 억제함으로써 잡초의 숨통을 끊기 위해서는 대량의 농약이 동원되어야 한다. 만일 농약에 잘 버티는 벼를 만든다면 적은 양의 무차별적 농약을 뿌려도 잡초만 없앨 수 있기 때문에 환경 오염이 줄어든다는 게 요지다.

하지만 배심원들은 이 변론에 대해 '의문의 여지가 있다'고 판단했다. 현재의 몇 가지 증거만을 가지고 유전자가 조작된 곡물이 자연에 어떤 영향을 미칠지는 아무도 장담할 수 없기 때문이었다.

또 농약의 사용량이 장기적으로 계속 줄어들 것이라는 보장이 없다. 유전자 조작 농산물을 기르는 입장에서 좀더 확실하게 주변 잡초를 없애기 위해 더욱 많은 제초제를 뿌리려 하지 않겠는가.

1998년 미국의 한 제초제 제조회사(Rhone Pulence)는 유전자 조작 면화를 기를 때 주변의 잡초(정상적인 면화 포함)를 없애기 위해 제초제인 브로목시닐의 사용을 확대하겠다는 청원서를 제출했다. 브로목시닐을 많이 사용할수록 유전자 조작 면화의 수확량은 늘어날 것이다.

농약 사용 확대 의도?

그런데 미국 환경청(EPA)은 이 청원을 기각하기로 결정했다. 브로목시닐은 발암 물질의 일종으로 알려져 있다. 이 결정은 제초제 제조회사와 면화종자 배포사(몬산토의 자회사 칼진)에게 큰 타격으로 작용했다. 식물병리학자이자 진보과학자연합(Union of Concerned Scientists)의 수석 과학자인 제인 리슬러 박사는 "이번 결정으로 유전자 조작 작물에 대한 환상이 벗겨지게 됐다"고 말하고, "이 면화의 유일한 목적은 매우 위험한 농약의 사용을 확대하는 것"이라며 신랄하게 비판했다.

한편 합의회의의 주제는 유전자 조작 식품을 둘러싼 각국의 이해관계, 종교 윤리적 문제, 바람직한 규제 방안, 생명안전윤리 교육과 같은 포괄적인 내용으로 이어졌다. 별다른 찬반 논의 없이 전문가들의 지식을 시민이 공유하는 시간이었다. '동물 유전자가 든 채소는 동물인가 식물인가'라는 근본적인 문제부터 시작해 '유럽에서 라벨링 제도(유전자 조작 사실 여부를 세품에 표시하는 제도)가 어떻게 실시되고 있으며, 한국은 어떤 준비를 하고 있는가'와 같은 현실적인 대안에 이르기까지 유전자 조작 식품에 관련된 모든 현안을 하나씩 점검해 나갔다.

3 시민과 전문가의 불편한 만남

1998년 11월 15일 일요일 저녁 7시, 예정보다 한 시간 늦게 회의가 끝났다. 시민과 전문가의 얼굴 모두에 다시 일말의 긴장감이 서리기 시작했다. 시민은 이날 밤부터 시작해 자체적인 종합 토론을 벌여 그 결과물을 다음날 발표해야 하는 상당히 부담스러운 작업을 마쳐야 한다. 20여 차례나 강의를 들었지만, 찬반 양론이 팽팽히 맞서는 전문적인 내용을 소화하고 입장을 밝히는 일이 만만치 않게 느껴졌다.

'시민이 제대로 알고 있을까' 걱정

일부 전문가들은 "과연 시민들이 충분히 내용을 이해했을까"라며 우려의 눈길을 보냈다. 실제로 전날 저녁 식사 시간에 한 변호사측

전문가는 "제대로 알고 있는지 걱정된다"고 말해 시민들의 기분을 상하게 했다. 시민이 결정한 사항이 자신의 연구비에 타격을 입히지 않을까 하는 농담도 오갔다. 이에 대해 시민들은 "너무 자신의 입장만 일관되게 고수한다"며 전문가들의 편협성을 지적했다.

11월 16일 월요일 오후 1시 마침내 보고서를 발표하는 시간이 다가왔다. 밤을 꼬박 새우며 열띤 논의 끝에 얻어낸 성과물이었다. 이들은 어떤 결론을 내렸을까. 보고서를 발표한 시민의 목소리를 직접 들어보자.

"유전자 조작 식품이 필요한가에 대해 시민 패널간의 합의를 이루지 못했다. 필요하다고 주장한 논리는 다음과 같다. 우리 나라는 아직 식량 자립도가 낮으므로 식량 자립을 할 수 있을 때까지 유전자 조작 식품이 필요하다. 쌀의 일정한 성분에 대해 알레르기를 나타내는 사람을 위해 그 성분이 없는 쌀을 유전자 조작으로 만들 수 있듯이 특정 알레르기를 가진 사람을 위한 식품을 개발할 수 있다. 유전자 조작 식품을 개발하지 않으면 생명공학의 국제적인 경쟁에서 뒤떨어지고 그들의 기술에 경제적으로 종속된다."

이에 비해 "불필요하다고 주장한 사람의 논리는 다음과 같다. 에티오피아 등에서 사람들이 식량이 없어 굶어 죽을 때도 미국에서는 경제적 이익 때문에 식량을 버리는 상황이 펼쳐졌다. 현재 식량 문제는 식량의 절대량이 부족하기 때문에 발생한 것이 아니라 사회 경제적 모순에 의한 것이다. 식량 문제는 식생활 개선, 인구의 조절 등으로 해결될 수 있다. 생명공학의 국제적 경쟁 논리에 빠져들지 말아야 한다."

결국 배심원들은 피고 '유전자 조작 식품'에 대해 유죄인지 무죄인지 판결을 내리지 못했다. 그렇다고 유전자 조작 식품이 안전하다고 결론을 내린 것은 아니다. 이들은 유전자 조작 식품이 건강과 환경에 미치는 영향에 대해 과학자들이 지나치게 과신하고 있다는 점을 지적했다. 아울러 정부에 대해 유전자 조작 식품의 안전성을 보장할 제도적 대책을 세울 것을 요구했다. 특히 현재 수입되고 있는 유전자 조작 식품을 검역하거나 별도로 표시를 부착할 경우 적지 않은 비용이 발생할 텐데, 이를 국민의 세금으로 충당할 것이 아니라 "수익자 부담 원칙에 따라 수출국에서 부담하도록 국제적 협력을 강화하라"고 주장해 눈길을 끌었다. 시민 패널은 총 18쪽에 달하는 자신들의 보고서가 정책 입안자들에게 참고가 되기를 당부하는 한편, 다른 시민들에게는 이 문제에 대해 관심을 쏟고 고민하는 계기가 되기를 희망했다.

사실 시민 패널이 유죄와 무죄를 판결하는 것 자체는 그렇게 중요한 사안이 아니었다. 무엇보다 전문성 때문에 시민에게 불가침의 영역으로 인식돼 온 과학기술정책 분야에 처음으로 스스로의 의견을 마련하고 주장한 점에서 의의를 찾을 수 있다.

과학자의 과신 경계해야

9월 초 첫 예비 모임이 열리던 날 시민들은 "아이를 둔 엄마로서 뭔가 걱정이 돼서" 또는 "아무 것도 몰라서 좀 알아보려고" 행사에 참가했다고 밝혔다. "처음 유전자 조작 식품이라는 이름을 들었을 때

마치 농약처럼 위험한 느낌이 든 것이 사실"이라고 말한 시민도 있었다. 만일 이런 상황에서 곧바로 합의점을 찾았다면 유전자 조작 식품에 대한 명확한 판결이 났을지도 모른다. 하지만 3개월이 지난 현재 이들은 전문가들의 주장을 나름대로 이해하고 때로는 반론을 펼치는 수준으로 발전했다. 이들은 충분한 내용 파악이 안 된 상황에서 섣부르게 찬성과 반대를 결정짓는 일이 얼마나 위험한지를 스스로 깨달았다.

특히 시민 패널이 이전까지 지니던 과학기술자에 대한 이미지가 많이 깨졌다는 점이 흥미롭다. 과학기술자의 주장 역시 허점이 많았고, 자신의 울타리 안에서만 지내온 탓에 자신만이 옳다고 생각하는 편견이 종종 눈에 띄었기 때문이다. 시민 패널은 과학기술자들이 좀더 열린 마음으로 상대편의 입장을 받아들이고 함께 편하게 의논할 수 있는 입장을 갖추기를 바랐다.

행사 전체를 책임지고 진행한 김환석 교수(국민대 사회학과)는 "이번 합의회의는 시민이 주도 한 작은 혁명"이라고 평하고 "여기서 합의된 내용이 사회적으로 널리 공론화되는 것이 더욱 중요하다"고 말한다. 정부는 1998년 11월 말 '유전자 조작 식품 표시제'를 시행하겠다고 밝혔다. 최근에는 식품의약품안전청은 유전자 조작 식품에 대한 종합적인 안전규제지침을 마련하고 있다. 정부가 시민의 의사를 반영한 정책안을 마련하고 있는지, 그것이 올바르게 시행되고 있는지 관찰하고 적극적으로 의견을 제시하는 일이 남겨진 과제다.

미국이나 유럽에서는 시민들의 의견 개진과 사회적 감시 활동이 한국보다 훨씬 활발하다. 1999년 3월 뉴질랜드에서 '와일드 그린스(Wild Greens)' 라는 녹색 운동 단체 활동가 12명이 링컨 대학 작물식품연구원의 실험실을 습격했다. 이들이 노린 것은 감자였다.

실험실에서 오랫동안 추진되던 감자 프로젝트의 내용은 감자 유전자에 두꺼비와 누에가 갖고 있는 것과 유사한 인공 유전자를 섞어 넣어 감자가 썩지 않도록 만드는 일이었다. 녹색 활동가들은 이 감자가 안전성이 충분히 확보되지 않은 상태에서 상용화될 것 같다는 판단 아래 실험용 감자를 훔쳐냈다. 이런 행동을 벌여 유전자 조작된 감자의 안전성을 둘러싼 사회적인 논쟁을 불러일으키는 게 목적이었다.

법률적인 소송을 건 사례도 있다. 1999년 12월 14일 미국 몬산토 사를 비롯해 유전자 조작 농산물을 생산하고 있는 대규모 기업들이 종자의 안전성을 사전에 철저히 검증하지 않았다는 이유로 농부들과 환경 단체들에게 제소당했다. 미국 아이오와 주와 인디애나 주 농부들은 이날 미국 전국농가동맹(NFFC) 등의 지원 아래 워싱턴 연방지법에 몬산토와 노바티스, 듀퐁 등 세계 시장을 과점하고 있는 국제적 농화학 업체들을 제소했다. 사전에 엄격한 실험을 거치지 않고 유전자 변형을 시도하는 것을 저지하기 위해서다.

생명공학 산업 사상 첫 소송

제소자측은 "몬산토 사가 다른 생명공학업체들과 공모, 전세계적인 카르텔을 형성했으며 인체의 건강과 환경에 대한 안전성 여부를 충분히 검사하지 않고 고정된 가격으로 시장에 유전자 조작 종자들을 판매했다'고 지적했다. 이들은 관련 기업들을 미국의 반독점법 위반과 공공 불법 방해, 기만적인 거래 관행 등의 이유로 제소했는데, 생명공학산업 사상 첫 소송 사례로 간주되고 있다.

이 제소는 유전자 조작 식품에 대한 미국 소비자들의 불안이 고조되는 한편 미국과 일본 및 한국, 유럽연합 간에 주요 무역 이슈로 등장하고 있는 상황에서 이뤄져 세계의 이목을 끌고 있다. 앞으로 유사한 소송 사태가 각국에서 뒤따를 것으로 예상되고 있다. 몬산토 사측은 제소자들의 주장이 "근거 없는 것"이라고 반박하면서 자신들은 "사전에 충분한 실험을 거쳐 건강에 안전한 것만을 시판해왔다"고 주장했다.

4 수입국에서 수출국 입장으로 바뀐 한국

1999년 2월 10일 유전자를 변형(조작)시킨 농산물이 국내에서 처음 개발됐다는 사실이 보도됐다. 농촌진흥청 산하 농업과학기술원 생물자원부 황영수 박사팀은 1990년 초부터 국내에서 소비량이 많은 8개 농작물(벼, 고추, 배추, 양배추, 담배, 토마토, 오이, 들깨) 19종의 유전자를 변형시키는 실험을 수행해왔다. 이 가운데 현재 벼, 고추, 배추, 들깨 등 4가지는 개발이 완료돼 상품화가 임박한 단계다.

세계 3대 농업선진국으로 발돋움

이 벼는 제초제를 뿌려도 영향을 받지 않는다. 제초제에 강한 유전자를 결합시켰기 때문이다. 그래서 대표적인 제초제 바스타를 살포해도 피와 앵미와 같은 잡초만 제거될 뿐이다.

고추는 병균이 침입해도 역병에 걸리지 않고 잎사귀가 푸른빛을 유지했다. 배추는 토양박테리아(Bt)가 가지는 살충유전자를 지닌 탓에 곤충이 함부로 얼씬거리지 못한다. 들깻잎은 노화 방지와 두뇌 발달 촉진에 효과가 있는 오메가3지방산을 일반 들깻잎보다 10% 이상 더 함유했다.

한국의 유전자 변형 농작물은 세계적인 수준을 갖춘 것으로 평가된다. 최근 외국의 유전자 변형 기술은 병충해에 강한 작물을 개발하는 전통적 단계에서 인체에 유용한 성분을 작물에 배양하는 단계로 바뀌는 추세다. 이른바 특정 기능을 갖춘 기능성 농작물을 만들어내는 것이다. 이번에 개발된 품종 가운데 혈압을 낮춰주는 토마토나 오메가3 지방산이 강화된 들깻잎은 미래형 농산물의 대표적인 예로 꼽는다. 김성훈 전 농림부장관은 "이 연구로 한국이 미국과 캐나다에 이어 세계 3대 농업기술 선진국 대열에 올라섰다"고 평가했다.

2002년 9월에는 김동태 전 농림부장관이 한 조찬 모임에서 "정부는 식량 확보 전략에 따라 GMO를 중시하고 있으며 현재 농촌진흥청에서 기능성 농축산물을 포함한 16개 작목 40종류의 GMO 농축산물을 개발 중"이라고 밝혔다.

>>> 유전자가 세상을 바꾼다

하지만 유전자 변형 작물이 건강과 생태계에 어떤 영향을 미치는지에 대한 대답은 1~2년 내에 얻어지기 어렵다. 실제로 외국에서 유전자 변형 작물이나 가공품의 안전성에 대한 논란은, 1994년 미국 몬산토 사가 처음 유전자를 변형시켜 무르지 않는 토마토를 개발한 이후 현재까지 계속 치열하게 진행 중이다. 농업진흥청이 발표한 이틀 후인 2월 12일 영국에서 날아든 소식은 이런 세계적인 분위기를 단적으로 대변해준다.

1998년 8월 영국 로웨트 연구소의 푸스타이한웅 교수팀은 병충해에 견딜 수 있도록 유전자를 변형시킨 감자를 실험용 쥐에게 110일간 먹였다. 그러자 놀랍게도 쥐의 면역 체계가 파괴되는 부작용이 일어났다. 그는 그해 10월 10일 TV 프로그램인 〈World in action〉에서 자신의 실험 결과를 발표했다.

미국으로부터 유전자를 변형시킨 콩과 옥수수를 상당량 수입하던 영국은 금새 공포 분위기로 들끓었다. 유전자가 변형된 곡물을 결코 안심하고 먹을 수 없다는 인식 때문이었다.

그런데 얼마 지나지 않아 로웨트 연구소장이 뜻밖의 얘기를 꺼냈다. 실험 방법에 문제가 있었다는 것이다. 그리고는 푸스타이한웅 교수가 잘못된 실험 결과를 가지고 사회적인 물의를 일으켰다는 책임을 물어 그를 해고시켰다.

클린턴과 블레어의 밀약

하지만 상황은 여기서 멈추지 않았다. 1999년 2월 12일 로웨트 연구소장의 발표에 의문을 품은 유럽 13개국의 과학자 20여 명은 푸스타이한웅 교수의 실험 결과에 대해 지지 의사를 표명하면서 푸스타이한웅 교수의 복직을 공식적으로 요구했다. 로웨트 연구소장의 결정에 문제가 있다고 판단한 유럽의 과학자들이 수개월 동안 조사한 끝에 내린 결론이었다.

사회는 다시 혼란에 빠졌다. 1999년 2월 영국에서는 주요 패스트푸드점(맥도널드, 버거킹 등)이 유전자 조작 식품을 쓰지 않겠다고 공표했다. 동년 4월 토니 블레어 총리는 조사단을 구성해 이 식품에 대한 안정성 검토를 지시했으며, 5월에는 "이 식품이 유해하다는 어떤 증거도 없다"는 조사단의 발표가 나왔다. 하지만 사회적인 불안감은 계속되고 있으며, 과학적인 검토 역시 끊임없는 논란 속에서 진행 중이다.

유럽의 일부 환경 단체들은 미국의 클린턴 대통령이 영국의 블레어 총리에게 사적으로 미국산 유전자 변형 농산물 수입을 지지해 달라며 부탁했다고 주장했다. 이런 분위기에서 푸스타이한웅 교수의 연구 결과는 영국 정부의 입장을 난처하게 만들었을 것이다. 그래서 사건을 무마시키느라 푸스타이한웅 교수의 실험이 잘못됐다고 다시 발표했다는 설명이다.

사건의 뒷얘기야 어쨌든 유럽 과학자들의 이번 발표는 유전자 변형 농산물이 사람의 건강에 어떤 영향을 미치는지 누구도 장담할 수 없음을 단적으로 알려준다. 다만 쥐가 질병에 걸린 '직접적인' 원인이 바로 변형된 유전자 때문인지는 명확치 않은 상태다.

하지만 한국의 정부는 불과 몇 년 전까지 이런 분위기를 제대로 인식하지 않은 듯하다. 일례로 이 안건에 대한 국제회의를 준비하는 과정에서 정부가 어떤 입장을 취했는지 살펴보자.

1999년 2월 15일부터 23일까지 콜롬비아 카르타헤나에서는 생명공학 안전성 의정서 제정을 위한 제6차 실무회의가 열렸다. 세계 175개국이 참여해 유전자 변형 농작물이나 식품을 국제적으로 교류할 때 파생되는 경제성과 부작용에 대한 논의의 장이었다(이 모임에서는 미국과 캐나다 등 유전자 조작 농산물 주요 수출국의 반대로 협상이 결렬됐다가, 2000년 1월 29일에서야 의정서 채택이 이뤄졌다).

'왕따' 당한 시민 단체

1999년 2월 초 정부는 이 회의에 대한 준비 모임을 수차례 열었다. 그 가운데 외교통상부가 주관한 한 모임에서 해프닝이 벌어졌다. 모임의 이름은 '생명공학 안전성의 국제적 논의 동향에 관한 세미나 — 생명공학 안전성 의정서를 중심으로'였다. 정부의 관련 부처 직원과 기업계 인사, 그리고 시민단체 대표들이 참여했다.

그런데 논의의 내용은 주로 경제성에 관한 것이었다. 한 예로 만일 한국이 유전자 변형 농산물을 외국에 수출할 경우 그런 농산물임을 표시하는 것이 좋은지, 표시한다면 그곳에서 잘 안 팔려 경제적으로 얼마나 불이익이 닥칠지에 대한 내용이었다. 한국이 어느새 수출국의 입장에 선 느낌이었다.

하지만 당시는 미국에서 수입되는 콩과 옥수수의 상당량이 유전자 변형 농산물임이 밝혀져 국내에서 불안감이 확산되는 분위기였다. 이들의 안전성이 제대로 확보됐는지에 대한 의구심 역시 계속 발생하고 있었다.

그런데도 정부의 준비 모임에서는 이 농산물이 인체에 어떤 영향을 미칠지에 대한 논의가 전혀 이뤄지지 않았다. 시민단체 대표들이 문제를 제기하자 "아프리카 후진국에서나 하는 얘기"라고 한마디로 무시하며 당장 외국에 수출하는 일에만 관심을 가졌다고 한다. 정부와 기업으로부터 '왕따'를 당한 시민단체 대표들은 제대로 얘기를 꺼내지도 못한 채 돌아가야 했다. 세계적으로 안전성 논란이 거세지고 있는 마당에 한국 정부의 이런 태도가 결코 바람직하다고 말할 수 없다. 자국의 경제적 이익 못지않게 자국민의 건강을 우선적으로 고려하는 것이 당연하지 않을까.

최근에는 정부가 유전자 조작 식품에 대해 좀더 적극적인 관리를 하겠다는 의지를 밝혀 주목할 만하다. 2003년 3월 정부는 유전자 조작 식품 안전성 평가를 의무화한다고 밝혔다. 앞으로 최초 수입, 개발, 생산되거나 안전성 평가 후 10년이 경과한 경우, 또 건강을 해칠 우려가 있다고 인정되는 유전자 재조합 식품에 대해 의무적으로 안전성을 평가한다는 내용이다. 정부 규제개혁위원회는 국민 건강을 보호하는 동시에 유전자 조작 식품에 대한 국민 불안감을 해소하는 차원에서 이 같은 내용의 '식품위생법 시행령 및 시행규칙' 개정안을 심의, 의결했다고 밝혔다. 또 2004년 2월 말부터 안전성 평가를 받지 않거나 식용으로 부적합 판정을 받은 유전자 조작 식품을 판매할 경우 영업정지 등 행정 처분을 부과하기로 했다. 다만 현재 정상 유통 중인 식품에 대해서는 국민 건강과 관련이 큰 품목부터 우선 순위를 정해 오는 2007년 2월 말까지 안전성 평가를 받도록 했다.

합의회의 시민 패널 보고서 서문과 요약문

서문

현대 사회에서 과학 기술의 영향력은 날이 갈수록 커지고 있고, 누구도 그 영향력에서 벗어나서 살 수 없다. 시민들은 정치·경제적인 차원에서 민주화를 위해 투쟁해왔고 그로 인해 어느 정도 그 성과를 얻어냈다. 그러나 과학 기술 분야에서 시민이 참여할 수 있는 통로는 지극히 제한되어 있었고, 과학 기술자와 시민 사이의 과학 기술 분야에 대한 지식의 불균형은 그러한 제한을 더욱 공고히 해왔다. 당연한 결과로서 과학 기술 종사자들과 시민들 사이에서는 불신이 커지고 있고, 과학 기술에 대한 정책도 시민의 요구를 적절히 수용해내지 못하고 있는 것이 현실이다.

우리 시민 패널 14인은 이러한 현실 속에서 한 가닥 작은 변화의 물결을 만들어내기 위해 합의회의에 모였다. 우리는 유전자 조작 식품(조작이라는 말이 사회적으로 부정적인 의미를 내포한다고 해서 유전자 조작이라는 말보다 유전자 재조합이라는 말을 써야 한다고 주장하는 일부 전문가들도 있었으나, 우리는 이 보고서에서 중립적이고 순수한 의도에서 유전자 조작이라는 제목을 결정한 유네스코 한국위원회와 뜻을 같이하고자 한다)이라는 문제를 가지고 전문가들과의 만남의 문을 두드렸다. 전혀 새로운 사람들과 새로운 형식의 모임을 가지면서 시민 패널 구성원들은 어떤 부분에서는 무지로 인한 이전의 오해를 풀기도 하였고, 어떤 부분에서는 오히려 더 큰 혼란에 부딪히기도 하였다.

우리 나라 최초의 합의회의의 시민 패널이라는 부담감으로 우리는 바쁘게 회의를 주도해갔고, 밤을 꼬박 새면서 합의회의의 결실인 이 보고서를 만들어냈다. '유전자 조작 식품'에 대해 전혀 모르는 사람들이 시민의 대표를 자청하면서 9월, 10월 두 차례의 예비 모임과 짧은 2박 3일 동안의 본회의를 통해 열심히 배우고 토론하여 만들어낸 이 보고서의 신뢰성에 의심의 눈초리를 보내는 사람이 있으리라 본다. 하지만 우리는 전문가들과의 만남을 통해 결국 과학적 지식이 짧고 표현 능력이 부족하더라도 시민의 입장을 대변할 사람은 우리 스스로임을 서로가 동의해 나갔고, 그래서 부끄럽지만 우리의 성과물을 우리 동료 시민들과 과학 기술 정책을 수립하는 사람들에게 제시하고자 한다. 이 보고서가 정책에 적절히 반영될 수 있기를 우리는 희망한다.

시민 패널은 이러한 소중한 기회를 마련해준 유네스코 한국위원회와 조정위원, 전문가 패널, 프로젝트 책임자인 김환석 교수, 방청객 여러분, 그 밖에 말없이 수고해주신 모든 분들에게 무한한 감사를 표한다.

1998년 11월 16일
시민 패널 운동

시민 패널 보고서 요약문

질문 1 유전자 조작 식품이란 무엇이며 그것은 필요한가?

유전자 조작 식품이 필요한가에 대해서는 합의를 이루지 못하였다. 유전자 조작 식품의 필요성에 대해서는 우리 나라의 낮은 식량자급도, 특정 알레르기를 가진 사람들을 위한 식품 개발 가능성, 생명공학산업의 국제 경쟁력 대비를 통한 외국 종속 탈피를 제시할 수 있다. 반면에 불필요성에 대해서는 유전자 조작 식품에 의한 식량 문제 해결이라는 주장에 대해 의심의 여지가 있으며, 식량 문제의 해결은 식량 증산의 문제가 아니라 사회 경제적인 모순에 의한 것이라는 점을 지적할 수 있다. 이와 함께 국제 경쟁력 논리에 과도하게 의존하여 필요성을 주장하는 것을 비판한다.

질문 2 유전자 조작 식품이 인간의 건강에 미치는 영향은?

우리가 섭취하던 전통적 식품들은 오랫동안 인간의 건강에 지장이 없도록 가공하여 사용해왔으므로, 일부 유전자를 변형하여 만들어진 대부분의 식품들은 문제가 없을 것으로 기대할 수 있다. 그러나 현재까지 보고된 몇 건의 위험 사례들을 볼 때, 유전자 조작 식품의 잠재적 위험에 대해 진지하게 고려할 필요가 있다.

한편, 이러한 경계심은 지나치게 과장된 것이라는 대부분 과학자들의 주장도 고려해볼 필요가 있다. 유전자 조작 기술을 사용하여 개발한 물질을 원료로 만든 식품의 경우에 예상되는 문제점에 대해서 반드시 사전 안전성 검사를 시행하도록 하면 된다는 것이다.

우리는 일부 과학자들의 이러한 전망이 지나친 낙관이라고 본다. 건강에 대한 위험에 대해서 일부 이견은 있었지만, 유전자 조작 식품의 위험성이 현실화할 가능성을 사전에 예방하는 노력을 게을리 해서는 안 된다고 믿는다. 왜냐하면 과학자들의 이러한 태도는 과학에 대한 과도한 신뢰에서 비롯된 것일 수 있기 때문이다.

질문 3 유전자 조작 농작물이 환경에 미치는 영향은?
병·해충에 강한 농작물을 만들기 위한 유전자 조작은 새로운 병·해충의 출현을 초래할 수 있으며, 식품으로 사용하기 위하여 유전자를 조작한 생물이 환경에 방출되어 야생종보다 우월한 생존력을 가질 경우 급속히 확산되어 생물 다양성을 해치고 기존에 확립된 생태계의 순환 및 의존의 사슬을 파괴할 수 있다. 시민 패널 중에 현재의 유전자 조작 기술이 안전한 환경을 보장해줄 것이라는 견해는 없었다. 다수는 안전성 확보 후에 상품화해야 한다는 데 의견을 같이했다.

질문 4 유전자 조작 식품을 둘러싼 정치 경제적 이해 관계는?
생명 특허를 기반으로 다국적 기업들은 유전자 조작 식품의 개발, 생산, 유통, 소비 등의 전 과정에 걸쳐 자신들의 이익을 철저히 관철시켜 나가고 있다. 현실적으로 특허가 불가피하다 하더라도 그 범위는 유전자 조작 식품의 잠재적 위험성, 인간의 이익만을 위한 동물 학대 가능성 등을 신중하게 고려하여 결정해야 할 것으로 본다.
　유전자 조작 식품의 잠재적 위험성이 문제시되는 상황에서 검역이나 표시 비용이 적지 않을 것으로 생각되는데, 정부 예산 즉 국민의 세금으로 부담하는 것보다는 수익자 부담 원칙에 따라 수출국에서 부담할 수 있도록 국제적 연대 등 필요한 대응을 해나가야 한다.

현재 우리 나라 기업의 역량이나 경제 상황으로 볼 때 생명공학 기술의 연구 개발에서 정부의 역할이 크다고 볼 수 있다. 따라서 정부 예산에 의한 연구 개발 투자에 대해 일반 국민들이 충분히 납득할 수 있도록 개발 목적이 뚜렷해야 할 것이며, 생명공학 분야에 대한 발전 전망 및 구체적인 마스터플랜이 제시되어야 한다.

질문 5 유전자 조작 식품의 안전에 관한 바림직한 규제 방향은?

유전자 조작 식품과 관련된 연구 개발, 생산, 유통, 소비 등과 관련된 정보 공개가 실질적으로 이루어질 수 있도록 제도적 방안이 강구되어야 하며, 일반 시민이나 소비 단체가 쉽게 접근할 수 있어야 한다. 특히 표시제 등을 통해 소비자들의 선택권을 보장하기 위해서, 정부에서 도입이 추진되고 있는 '유전자 변형 농수산물 표시제'도 소비자의 권리를 보장할 수 있는 실질적인 내용을 담아야 한다.

표시제를 포함한 소비자 보호 수단의 확보와 유전자 조작 식품의 안전성에 대한 평가를 위해서는 책임성과 신뢰성이 있는 국가 기구가 필요하며, 이 기구는 연구 개발, 생산, 유통, 판매, 소비 등의 전 과정을 총괄적으로 관장할 수 있도록 일원화하는 것을 검토할 필요가 있다. 한편, 안전성 평가를 위한 연구에 더 많은 지원이 이루어짐으로써 유전자 조작 식품의 잠재적 위험성을 최소화시킬 수 있도록 노력해야 할 것이다.

소비자 주권 측면에서 소비자 개개인의 권리 의식을 고양시키고 소비자 단체를 활성화시켜 나가는 것이 중요하다. 한 가지 예로 현재 논의되는 '생명공학 안전성 의정서'에 관한 정부의 입장을 정리하는 과정 자체가 공개되어야 할 뿐만 아니라 구체적인 대응 방안을 수립할 때에도 시민·소비자 단체의 실질적인 참여 기회가 주어져야 한다고 본다.

질문 6 유전자 조작 식품의 윤리적·종교적 문제는 무엇인가?

유전자 조작 식품이 인간에게 전적 또는 부분적인 도움을 준다 할지라도 그 경제적 유용성과는 별개로 윤리적 측면의 고려가 반드시 전제되어야 한다는 데 우리 모두는 합의하였다. 유전자 조작 식품에 관계하는 모든 과학자들은 연구 단계에서 학자로서의 지적 호기심이나 성취감 못지않게 사회적 우려에 대한 자각과 배려가 필요하다.

질문 7 유전자 조작 식품의 안전과 윤리에 대한 교육은 어떻게 해야 하는가?

과학 교육의 교과 과정에 과학-기술-사회(STS)적 측면을 광범위하게 고려해야 할 뿐만 아니라 과학 교육이 인문·사회 교과와 협동으로 과제를 선정하고 해결하는 교과간의 통합 운영 방법도 고려해야 한다. 그러나 학교 교육 외의 2차적인 교육 방법에 대해서 고려해야 한다.

이를 위해 공개적인 논의의 장을 마련해주는 합의회의나, 기술영향평가제도 등을 제도화하는 일이 필요하다. 또한 전문가들은 일반 시민에게 솔직하게 정보를 제공하고, 동료 과학자간에 비판도 할 수 있는 풍토가 조성되도록 훈련받아야 한다. 정부는 과학자들이 새로운 식품을 개발하기에 앞서 연구가 가져올 안전·윤리에 대한 위험성에 대하여 제시하도록 요구해야 할 것이다. 기업에게는 소비자들이 안전·윤리에 대한 검증이 이루어지지 않은 제품에 대해 충분한 정보를 갖고 신중하게 구매하는 것이 충분한 압력이 되고, 교육이 될 수 있을 것이다. 마지막으로 교육과 관련한 이 모든 방법은 매스컴이라는 적극적인 수단을 효과적으로 이용할 수 있도록 해야 할 것이다.

시민 패널 선정 주요 질문

1. 유전자 조작 식품이란 무엇인가? (동식물·미생물 포함)
   ① 전통적인 육종 교배 기술과 유전자 재조합 기술의 공통점과 차이점은 무엇인가?
   ② 국내외 유전자 조작 식품의 현황은?
2. 유전자 조작 식품은 필요한가?
   ① 유전자 조작 식품이 필요하다는 입장의 논리(예 : 식량 증산, 제초제·살충제·화학비료 등의 사용 감소)와 불필요하다는 입장의 논리(예 : 환경적 위험, 다국적 기업의 식량 시장 지배)는 무엇인가?
   ② 유전자 조작 식품이 필요하다면 왜 누구에게 필요한가?
   ③ 유해한 식품과 무해한 식품이 구분 가능하다면, 어떤 것이

있는가?

3. 유전자 조작 식품이 인체에 미치는 영향은?

① 유전자 조작에 의한 예측하지 못하는 알레르기 발생 가능
성은?

② 유전자 조작에 의한 예측하지 못하는 독성 발생 가능성은?

③ 유전자 조작 과정에서 포함된 표지 유전자에 의한 항생제
내성의 위험성은?

④ 기타

4. 유전자 조작 식품이 환경에 미치는 영향은?

① 실험 및 생산 과정의 안전성과 이 과정에서 발생하는 위험
물질의 처리 방법은?

② 환경 방출에 따라 예측하지 않은 유전자 전이가 초래하는
생태계의 변화는?

5. 유전자 조작 식품을 둘러싼 정치·경제적 이해 관계는 어떤가?

① 유전자 조작 식품 산업과 그와 관련된 특허 제도를 둘러싼
국제적 이해 관계는?

② 국가 안에서 유전자 조작 식품의 개발·생산 또는 수입으로
이익을 보는 집단과 손해를 보는 집단은 어떻게 나뉘는가?
(생산자, 소비자, 수입업자, 연구자, 정부 등)

③ 국제 시장에서 유전자 조작 식품과 관련된 한국의 기술 수
준과 상품화 능력이 차지하는 위치와 대처 방안은?

6. 유전자 조작 식품의 윤리적·종교적 문제는 무엇인가?

7. 유전자 조작 식품의 안전·윤리와 관련된 규제 현황과 바람직
한 방향은?

① 표시(라벨링) 제도의 국제적·국내적 동향은?

② 생명 공학 안전성 의정서(biosafety protocol)를 포함한 국제적 규제의 추진 현황은?

③ 우리 나라의 유전자 조작 식품의 개발과 수입에 대한 정보 공개와 규제 현황은?

④ 유전자 조작 식품의 안전·윤리를 보장하기 위한 국가위원회 또는 국가 기관의 현황과 신뢰성 확보 방안은?

⑤ 소비자 권리 보호 및 소비자 운동의 활성화 방안은?

8. 유전자 조작 식품의 안전·윤리에 대한 교육은 어떻게 해야 하는가?

① 현재 연구자와 기업이 가진 윤리는 무엇이며, 바람직한 방향은 무엇인가?

② 일반 시민과 연구자에 대한 생명 안전·윤리 교육은 어떻게 해야 하는가?

>>> 인간 유전자 이식한 형질 전환 동물

1 더 맛있고 영양가 높은 우량 돼지

좀더 맛있고 영양가 높은 양질의 고기와 우유를 만드는 일은 축산 업자들의 오랜 꿈이다. 전통적인 방법으로는 축사에서 우수한 혈통을 골라내서 보존하는 것이 최선이었다. 이들을 서로 교배시키거나 우수한 정자와 난자를 인공적으로 수정시키는 방식이다. 최근에는 시험관에서 체외 수정을 시킨 초기 배아를 분리해 각각을 초저온 상태에서 보관한 후 필요할 때마다 대리모의 자궁에 이식하는 발생학적 기법이 개발됐다.

하지만 이제 상황은 다르다. 평범한 가축이라도 유전자를 약간만 변형시키면 우수한 품종으로 둔갑하기 때문이다.

돼지 + 산양

1997년 10월 국내 농업진흥청 축산기술연구소에서 특이한 돼지가 태어났다. 같은 양의 사료를 먹어도 보통의 돼지에 비해 20% 정도 더 잘 자라는 우량종이었다. 또 체내 지방 성분이 정상에 비해 적은 고품질 돼지다. 이것은 적은 양의 사료로도 경제성이 충분한 돼지로 키울 수 있어 축산 농가의 수입을 대폭 향상시킬 수 있음을 의미한다.

비결은 유전자의 변형에 있었다. 돼지가 더욱 무럭무럭 자라도록 수정란에 산양의 성장 유전자를 이식한 것이다. 이처럼 한 개체의 수정란에 다른 종의 유전자를 이식함으로써 새로운 형질을 갖춘 생명체를 만드는 기술을 형질 전환 기술 또는 유전자 생체 이식 기술이라 부른다.

이 실험은 구체적으로 어떻게 진행됐을까. 먼저 시험관에서 돼지의 정자와 난자를 인공적으로 결합시켜 수정란을 얻는다. 여기에 산양의 성장을 촉진시키는 유전자를 미세한 주사 바늘을 통해 주입한다. 이때 성장 유전자를 주입하는 시간을 잘 정해야 한다. 정자와 난자가 만났을 때 정자의 핵과 난자의 핵은 서로 결합하기 위해 가까이 다가선다. 그런데 성장 유전자는 이 핵들이 결합하기 이전 상태, 즉 두 핵 가운데 어느 하나에 주입해야 한다.

두 핵이 결합하면 수정란은 곧바로 2개의 세포로 분열하기 시작한다. 이때 핵 안의 유전자 역시 2배로 늘어난 후 양쪽 세포로 똑같이 나뉘어 들어간다. 만일 수정란의 두 핵이 결합한 상태에서 성장 유전자를 넣는다면 성장 유전자는 분열되는 2개 세포 가운데 어느 한쪽으로만 몰려 들어갈 가능성이 있다. 그렇다면 수정란이 점차 분열을 거듭할수록 성장 유전자는 돼지 전체 세포의 절반 정도에만 포함될 뿐이다.

이에 비해 수정란의 정자핵이나 난자핵 어느 한쪽에 성장 유전자를 넣는다면 문제가 없다. 수정란이 분열되기 이전의 원본 자체가 성장 유전자를 지녔기 때문이다. 이처럼 수정란 안에서 결합이 이뤄지기 전단계의 핵에 외래 유전자를 주입하기 때문에 이 기술을 '전핵(前核) 주입법'이라고 부른다. 1980년대 초 쥐에서 시도된 후 1985년 미국 농무부가 최초로 양과 돼지에서 성공을 거둔 기술이다.

하지만 전핵 주입법은 커다란 한계를 지니고 있다. 성공률이 3~5%로 너무 낮다는 점이다. 예를 들어 100개의 돼지 수정란에 산양 유전자를 넣는다면 겨우 3~5마리의 돼지에서 그 유전자의 기능이 발휘된다는 의미다. 왜 그럴까.

가장 큰 난관은 산양 유전자가 기존의 유전자 안에 무사히 끼어들어간다는 보장이 없다는 점이다. 또 기존 유전자의 어느 부위에 삽입될지, 몇 개나 끼어들 수 있을지 모른다. 단지 산양 유전자 수백 개를 핵에 밀어넣고 실험의 성공을 바랄 뿐이다.

설사 무사히 삽입됐다 해도 그 유전자가 제대로 기능을 발휘하는지 여부를 장담할 수 없다. 1996년 뉴질랜드에서는 양에게 털이 잘 자라게 하는 성분(IGF 1) 유전자를 주입한 결과 보통의 양에 비해 17% 정도 털이 많이 자란 점을 확인했다. 그러나 1998년 한번

털을 깎은 이후에는 무슨 이유에서인지 털이 정상에 비해 더 이상 자라지 않았다. 또 이 양의 새끼는 외래 유전자를 가지고 있었지만 털이 정상에 비해 더 자라지 않았다. 마지막으로 이러한 형질 전환 동물들에서 몇 세대가 지나면 주입한 외래 유전자가 점차 소실된다는 연구 결과들이 있다.

미숙한 정자에 주입

1997년 10월 건국대학 축산학과의 연구팀은 '전핵 주입법'의 성공률을 높일 수 있는 방법을 개발했다. 동물의 고환 안에 존재하는 미성숙한 정자에 외래 유전자를 넣는 방식이다. 이 미성숙한 정자는 끊임없이 분열을 거듭하며 성숙한 정자로 발달한다. 만일 성숙한 정자 가운데 외래 유전자를 무사히 보유하고 있는 것만 골라내 수정시키면 기존의 '전핵 주입법'에 비해 형질 전환 동물을 만들 수 있는 가능성은 높아질 것이다.

　실제로 건국대 연구팀은 쥐를 대상으로 한 실험에서 기존의 방법에 비해 훨씬 높은 성공률을 보였다고 밝혔다. 하지만 최근까지 가축에 대한 실험에서는 만족스런 결과가 나오지 않았기 때문에 이 방법이 실용화되기까지 좀더 시간이 필요하다.

2 백혈병 치료제 생산하는 흑염소

'전핵 주입법'의 많은 한계에도 불구하고 과학자들은 오랫동안 이 방법을 이용해 형질 전환 동물을 만드는 데 노력해왔다. 단지 품질 좋은 가축을 만들기 위해서만이 아니었다. 적절한 유전자를 삽입시키면 난치병을 치유할 수 있는 긴요한 물질을 얻을 수 있기 때문이다. 더욱이 이 물질은 소량으로도 엄청난 부가 가치를 내기 때문에 과학자들의 집중적인 관심을 받아왔다. 그래서 형질 전환 동물의 또 다른 이름은 '살아 있는 약 공장'이다.

사람에게 질병이 생긴다는 것은 어떤 생리 물질의 기능이 상실됐음을 의미한다. 예를 들어 혈우병 환자의 경우 피를 응고시키는 성분을 몸에서 생성하지 못한 탓에 한번 피를 흘리면 멈출줄 모른다. 이때 수혈을 통해 혈액 성분을 직접 주입받아야 하는데, 이것은 적지 않은 위험이 따르는 일이다. 자신도 모르게 혈액을 통해 치명적인 병균이 침입할 수 있기 때문이다. 실제로 프랑스에서 에이즈에 오염된 혈액에 의해 다수의 혈우병 환자가 감염되는 사건이 있었다. 그렇다면 혈액 응고 성분만을 주입받으면 좀더 안전한 치료가 되지 않을까.

보람이와 새롬이, 그리고 메디

최근까지 과학자들은 대장균과 같은 미생물에 인간의 혈액 응고 성분을 만드는 유전자를 주입해 대량 생산을 시도했다. 하지만 이 방법으로는 수많은 환자를 치료하기에는 양이 많이 모자랐다.

여기서 바로 형질 전환 동물이 진가를 발휘한다. 예를 들어 혈액 응고 성분을 만드는 인간의 유전자를 젖소 수정란에 성공적으로 이식한다면, 그 젖소로부터 분비된 젖에 혈액 응고 성분이 대량으로 섞여 나올 것이기 때문이다. 미생물에 비해 최고 천 배 많은 양에 해당한다. 미국에서는 이미 이런 방식을 통해 혈우병 치료제가 상품화되기 직전 단계에 이르렀다.

이 분야에 관해 한국은 외국과 비슷한 수준에 이르고 있다. 인간의 모유를 닮은 우유, 빈혈 치료제, 그리고 백혈병 치료제를 만들어내는 보람이(젖소)와 새롬이(돼지), 메디(흑염소)가 그 주인공이다.

1996년 11월 국내 최초로 인간의 유전자를 가진 수소 보람이가 태어났다. 생명공학연구소와 (주)두산개발의 연구팀이 젖소의 수정란에 한 서양 여성의 락토페린 형성 유전자를 주입한 결과다. 락토페린은 인체에서 모유에 많이 포함돼 있는데, 아기의 면역력을 키우고 세포 증식을 촉진시키는 데 중요한 역할을 담당하는 물질이다.

락토페린의 응용 가능성은 방대하다. 모유가 모자라거나 직장 생활에 쫓기는 산모들을 위한 고품질 유아용 조제 분유가 나와 산모들의 걱정을 크게 덜어줄 것이다. 또 면역력 증강을 비롯한 생리 기능을 높이는 목적으로 각종 식품과 의약품에 포함돼 건강 증진과 질환 치료에 큰 도움을 줄 것이다. 한 조사에 따르면 2000년도 락토페린의 세계 시장은 약 34조 원 규모로 형성될 것이라고 한다.

그러나 보람이는 락토페린이 함유된 젖을 직접 생산하지 못한

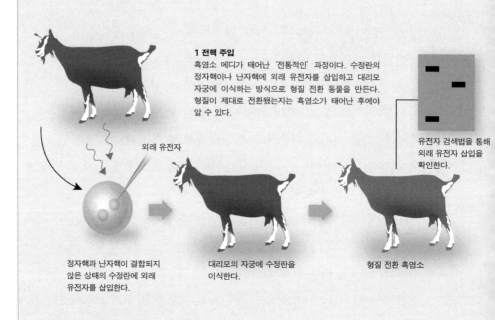

1 전핵 주입

흑염소 메디가 태어난 '전통적인' 과정이다. 수정란의 정자핵이나 난자핵에 외래 유전자를 삽입하고 대리모 자궁에 이식하는 방식으로 형질 전환 동물을 만든다. 형질이 제대로 전환됐는지는 흑염소가 태어난 후에야 알 수 있다.

유전자 검색법을 통해 외래 유전자 삽입을 확인한다.

외래 유전자

정자핵과 난자핵이 결합되지 않은 상태의 수정란에 외래 유전자를 삽입한다.

대리모의 자궁에 수정란을 이식한다.

형질 전환 흑염소

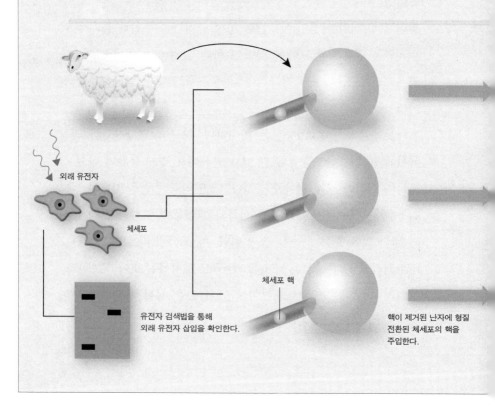

외래 유전자

체세포

유전자 검색법을 통해 외래 유전자 삽입을 확인한다.

체세포 핵

핵이 제거된 난자에 형질 전환된 체세포의 핵을 주입한다.

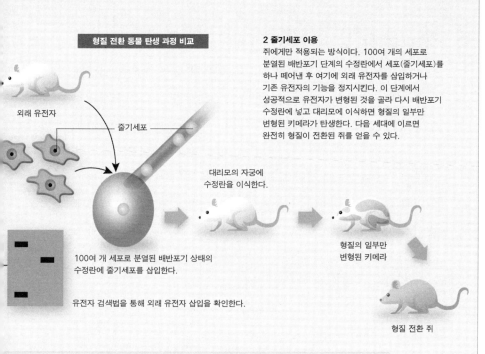

형질 전환 동물 탄생 과정 비교

외래 유전자

줄기세포

2 줄기세포 이용
쥐에게만 적용되는 방식이다. 100여 개의 세포로
분열된 배반포기 단계의 수정란에서 세포(줄기세포)를
하나 떼어낸 후 여기에 외래 유전자를 삽입하거나
기존 유전자의 기능을 정지시킨다. 이 단계에서
성공적으로 유전자가 변형된 것을 골라 다시 배반포기
수정란에 넣고 대리모에 이식하면 형질의 일부만
변형된 키메라가 탄생한다. 다음 세대에 이르면
완전히 형질이 전환된 쥐를 얻을 수 있다.

대리모의 자궁에
수정란을 이식한다.

100여 개 세포로 분열된 배반포기 상태의
수정란에 줄기세포를 삽입한다.

유전자 검색법을 통해 외래 유전자 삽입을 확인한다.

형질의 일부만
변형된 키메라

형질 전환 쥐

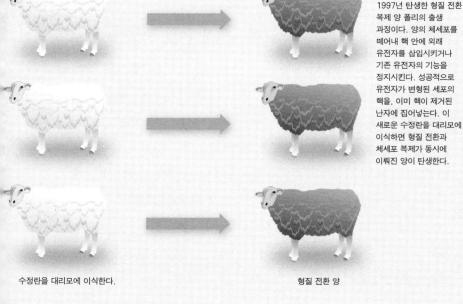

3 핵 치환(복제)
1997년 탄생한 형질 전환
복제 양 폴리의 출생
과정이다. 양의 체세포를
떼어내 핵 안에 외래
유전자를 삽입시키거나
기존 유전자의 기능을
정지시킨다. 성공적으로
유전자가 변형된 세포의
핵을, 이미 핵이 제거된
난자에 집어넣는다. 이
새로운 수정란을 대리모에
이식하면 형질 전환과
체세포 복제가 동시에
이뤄진 양이 탄생한다.

수정란을 대리모에 이식한다.

형질 전환 양

다. 안타깝게도 보람이가 수소이기 때문이다.

연구팀은 1998년 보람이의 정자를 채취해 다른 젖소의 난자와 시험관에서 인공적으로 수정시킨 뒤 120마리의 암소에 수정란을 주입했다. 보람이의 진가가 발휘되려면 새로 태어난 젖소 가운데 암소의 젖에서 락토페린이 발견돼야 한다. 현재 연구팀은 새끼 암소들이 락토페린 유전자를 보유한다는 점을 확인한 상태다. 이들이 임신과 출산의 과정을 거쳐 젖이 나오기 시작할 때 비로소 락토페린이 얼마나 생산될지가 드러난다. 연구팀의 예상대로라면 이 암소들은 1L당 1.0g 이상의 락토페린을 함유할 것이다. 모유에 들어 있는 함유량인 1L당 1.4g 정도에 가까운 수치다.

하지만 결과는 나빴다. 기대에 훨씬 못 미치게 락토페린이 함유된 것이다. 2002년 10월 14일 과학기술부는 당시 종료된 선도기술개발사업 최종 보고서를 통해 지난 1992년부터 10년에 걸친 연구 결과, 보람이 가계의 우유에 함유된 모유 성분이 적어 산업화가 불가능하다고 밝혔다.

1999년 5월 탄생한 돼지 새롬이 역시 수컷이다. 농촌진흥청 축산기술연구소의 작품인 새롬이는 사람의 신장에서 만들어져 혈액의 형성을 촉진하는 호르몬 생성 유전자(EPO)를 가진 돼지다. 만일 새롬이가 암돼지와 교배해 새끼 암돼지를 낳으면, 돼지 젖에서 천연의 빈혈 치료제가 대량으로 생성되는 길이 열린다. 연구팀은 앞으로 2년 내 새롬이의 젖에서 나온 EPO를 정제해 상품화시킬 계획이라고 밝혔다. 하지만 아직 상업성이 검증되지 않았다.

새롬이에 비해 1년 정도 늦게 태어났지만 이미 젖에서 유용한 물질을 분비하기 시작해 주목을 받고 있는 동물이 있다. 1998년 4월 한국과학기술원, 생명공학연구소, 충남대학교, (주)한미약품의 합작품으로 태어난 메디이다. 인간의 백혈구를 증식시키는 단백질(G-CSF) 유전자를 가진 토종 흑염소로서, 보람이나 새롬이와 달리 암컷이기 때문에 젖에 포함된 물질을 확인하는 시간이 짧았다. 최근 확인한 바에 따르면 메디가 분비한 젖에서 1L당 0.1g 정도의 G-CSF가 포함됐다는 점이 확인됐다.

G-CSF는 인체 면역세포의 하나인 백혈구가 잘 생성되도록 촉진하는 단백질이다. 이를 이용해 만든 의약품은, 백혈병이나 빈혈과 같은 질병이 생기거나 골수이식·화학요법 과정에서 백혈구가 부족할 때 필수적으로 쓰이고 있다. 1g에 무려 9억 원에 달하는 고가품이다.

메디가 G-SCF를 분비하는 것으로 알려진 이상 남은 문제는 불순물을 제거하고 임상시험을 거치는 일이다. 현재의 추세라면 2001년 초 메디의 G-SCF는 임상 시험에 착수할 계획이다.

하지만 결과는 그리 낙관적이지 않다. 한국과학기술원 유욱준 교수에 따르면, 이미 메디는 죽었고 메디의 후손에서 젖을 얻고 있지만 여기에 포함된 단백질의 농도가 필요량에 비해 훨씬 못 미친다고 한다.

소변에서 약품 생산

보람이, 새롬이, 메디 모두 젖에서 인체 물질을 얻기 위해 만들어진 형질 전환 동물이다. 그런데 젖이 나오기 위해서는 임신과 출산 과정을 거쳐야 한다. 이전의 방식에 비해 대량으로 고가 의약품을 얻을 수는 있지만 젖이 나올 때까지 1~2년 이상을 기다려야 하는 번거로움이 있다. 또 가축이 평생 젖을 분비할 수 있는 것도 아니다. 더욱이 젖에는 다수의 생체 물질들이 존재하므로 여기서 필요한 성분만을 추출하는 것은 상당한 노력과 경비가 소요된다.

만일 이런 제약 없이, 태어나서부터 평생 동안 필요한 물질을 생산하는 형질 전환 동물이 있다면 어떨까. 최근 국내에서 개발된 형질 전환 쥐에서 그 단서를 찾을 수 있다.

1999년 6월 가톨릭 의과대학 연구팀은 혈액의 성장을 돕는 인자(hGM-CSF)를 생산하는 형질 전환 쥐를 개발했다. 흥미로운 점은 이 인자가 소변에서 생산된다는 점이다. 연구팀은 기존의 형질 전환 동물이 젖을 통해 인체에 유용한 물질을 만들어낸 탓에 시간의 제약이 따른다는 점에 주목했다. 그래서 암수 구별 없이 일단 태어나기만 하면 평생 생체 물질을 분비하는 방법을 고안한 것이다.

연구팀이 개발한 쥐는 소변 1L당 hGM-CSF를 0.2mg 생성한다. 만일 이 기술이 많은 양의 소변을 보는 가축에게 성공적으로 적용된다면 현재의 형질 전환 동물에 비해 획기적으로 경제적인 생체 물질을 얻을 수 있는 가능성이 열린다.

3 사람에게 거부 반응 없는 돼지 장기

형질 전환 동물이 의료용으로 활용되는 또 다른 분야는 장기 이식이다. 1960년대 최초의 인공 심장이 만들어진 이래 질환에 걸린 신체 장기를 대체할 수 있는 인공 장기가 꾸준히 개발되어왔다.

하지만 현재까지 인공 장기는 대부분 다른 사람으로부터 진짜 장기를 기증받을 때까지 일시적으로 생명을 연장시켜주는 수준에 그치고 있다. 더욱이 환자 수에 비해 장기 기증자의 수가 무척 부족하다. 한 보고서에 따르면 미국에서 심장 이식을 필요로 하는 환자 4만여 명 가운데 3분의 1이 기증 장기를 이용하기도 전에 사망하고 있다. 그렇다면 이 부족분을 채우기 위해 동물의 장기를 활용할 수는 없을까.

원숭이 실험에서 성공

과학자들이 가장 주목하는 장기 이식용 동물은 돼지다. 무엇보다 돼지 장기의 크기가 사람과 비슷하다. 또 어미 1마리가 새끼 20마리 이상을 생산하기 때문에 일단 개발만 하면 풍족한 수의 장기를 확보할 수 있다. 병균이 감염되지 않는 돼지를 사육하는 기술이 개발됐다는 점도 장점으로 작용한다.

하지만 커다란 난관이 있다. 돼지 조직을 환자에게 이식하면 사람의 즉각적인 면역 시스템이 작동한다. 그 결과 돼지의 조직은 2~3시간 내에 급속히 파괴되기 시작한다(괴사). 현재 환자를 장

기간 무균실에 머무르게 하면서 사이클로스포린과 같은 면역 억제제를 계속 주사함으로써 이식한 조직이 면역적으로 공격받지 않도록 하고 있지만 근본적인 치료는 될 수 없다.

이 급속한 면역 작용은 주로 보체(complement)라고 불리는 단백질 때문에 발생한다. 돼지 조직(항원)을 이식했을 때 우리 몸은 이를 물리칠 수 있는 적절한 항체를 만들어낸다. 보체는 이 항체와 결합해 항원을 퇴치하는 물질이다.

그렇다면 사람의 보체가 제대로 작용하지 못하도록 돼지의 형질을 전환시키면 되지 않겠는가. 즉 사람 몸에서 보체가 만들어지지 않도록 작용하는 효소의 유전자를 뽑아내 돼지 수정란에 이식하는 방법이다.

1994년 보체의 작용을 방해하는 인간 유전자를 돼지에 주입하는 실험이 최초로 행해졌다. 또 1996년 미국 넥스트랜스 사는 유전적으로 변형된 돼지의 간장을 급성 간질환 환자에게 사용할 수 있도록 정부로부터 승인을 받았다.

하지만 이식 실험이 성공의 기미를 보인 것은 1998년 영국 이뮤트랜 사의 시도였다. 연구팀은 형질 전환 돼지의 심장을 이식받은 원숭이 비비가 급성 이식 거부 반응을 나타내지 않고 21일간 생존했다고 밝혔다. 신장 이식의 경우 생존 기간은 35일이었다.

그러나 면역 반응을 일으키지 않는 돼지 심장이 개발된다 해도 넘어야 할 산이 많다. 비록 크기가 비슷해도 기어다니는 돼지의 심장과 상체를 세우고 다니는 사람의 심장이 비슷한 기능을 발휘할지는 의문이다. 또 돼지에게는 해를 끼치지 않지만 사람에게 치명적인 병균이 존재할 가능성을 배제할 수 없다.

1999년 10월 영국에서는 돼지의 기관을 이식받은 환자에 대해 정부가 별도의 규제를 가할 것으로 예상되는 논의가 벌어졌다. 환자가 아기를 갖지 못하도록 규제하겠다는 내용이다. 돼지에 존재하는 강력한 바이러스가 환자에게 전염될 경우 자손대까지 바이러스가 전달되는 일을 막기 위해서다.

만일 이 규제가 시행된다면 환자는 당국에 의해 그들이 성관계를 맺는 사람들이 누구이며 어떤 발병의 조짐이 없는지 관리받는 데 동의해야 할지도 모른다. 또 환자는 일생동안 지속적으로 피임 기구를 사용하고, 헌혈을 하지 않겠다고 서약할 것으로 보인다. 환자의 사생활보다 국민의 건강을 우려하는 영국 정부의 의지가 반영된 내용이다.

'사람 심장 달린 돼지' 표현은 잘못

흔히 언론이나 방송에서 사람 심장 달린 돼지라는 표현이 등장한다. 하지만 현단계 과학 수준에 비추어볼 때 이 말은 잘못된 표현이다. 즉 사람에게 면역 반응을 일으키지 않는 돼지의 심장을 잘못 받아들여 표현한 결과다. 사람끼리의 장기 이식도 거부 반응이 있는지 철저한 조사를 거친 후 어렵사리 이뤄지는 현실에서, 다른 종의 장기를 사람에게 이식하는 일은 현재로서는 불가능하다.

4 인간 대신 난치병 앓는 누드 쥐

대전 생명공학연구소의 한 동물 실험실. 몸에 털오라기 하나 걸치지 않은 누드 쥐가 살고 있는 방을 살펴보면 웬만한 1급 호텔보다 더 깨끗하게 청소된 느낌을 받는다. 하찮은 미물로 여겨지는 쥐가 왜 이런 특급 대우를 받는 것일까. 인간의 질병을 일으키는 중요한 유전적 원인을 알려주기 때문이다.

　누드 쥐의 면역 기능은 제로에 가깝다. 따라서 미미한 병균이 침입해도 금새 사망한다. 마치 에이즈 환자가 감기 같은 가벼운 질병에 걸려도 회복하지 못하고 사망하는 것과 같은 이치다. 누드 쥐가 사는 방이 어떤 병균도 침입할 수 없도록 청결을 유지하는 이유다. 면역력이 전혀 없기 때문에 어떤 병균이 어떤 메커니즘을 통해 병을 일으키는지 알아내는 데 좋은 조건을 갖췄다. 이처럼 유전적으로 특정한 질환을 앓게 만들어진 동물을 가리켜 질환 모델이라 부른다.

사람 귀를 등에 단 쥐

1999년 6월 25일 국내 각 언론과 방송에서 다소 '징그러운' 쥐가 소개됐다. 등에 사람의 귀와 코를 단 쥐였다. 선천적인 원인이나 사고로 신체의 일부가 결여된 사람들을 위해 만들어진 대체 장기의 일종이다. 한국화학연구소의 화학소재연구부의 작품이다.

하지만 이 쥐를 형질 전환 동물이라고 부르지는 않는다. 유전자를 변형시킨 것이 아니라 단순히 쥐의 등에 사람의 조직을 접목시킨 것이기 때문이다. 이처럼 조직세포를 이용해 필요한 장기 조직을 만들어내는 일은 조직공학(tissue engineering)의 한 분야에 속한다.

장기 제조를 위해 먼저 인체나 동물의 연골과 뼈세포를 분리한 후 체외에서 대량으로 배양한다. 다음으로 이들 세포가 코, 귀, 뼈 등 제조하고자 하는 모양으로 성장할 수 있도록 생분해성 고분자 틀을 제조한다. 이 틀에 연골세포를 씌우고 체외에서 배양해 인체의 코와 귀 모양의 인공 장기를 만들었다. 이때 쓰이는 생분해성 고분자 틀은 인체 내에서 일정 기간 경과 후 세포가 자라 대체 장기의 역할을 하게 되면 인체 내에 흡수돼 물과 이산화탄소로 배출되면서 없어진다.

연구팀은 임상 실험과 함께 의학적으로 재생이 어려운 뼈와 뼈 사이의 연골과 치아, 방광, 피부, 혈관 등 더 다양한 장기들을 인공적으로 생산할 수 있는 기술을 계속 개발할 계획이다. 코 모양의 인공 연골 제조는 미국에 이어 세계 두 번째, 귀 모양의 인공 연골 제조는 미국과 중국에 이어 세 번째로 성공을 거뒀다. 인공 연골과 인공 뼈를 제조하는 조직 공학 기술은 10여 년 전부터 미국에서 주도적으로 개발되기 시작했다.

넣는 기술에서 빼는 기술로

현재 세계에서 가장 널리 사용되는 질환 모델 동물은 단연 쥐다. 인간의 유전자 질환을 파악하려면 아무래도 인간과 가장 유전자 구조가 비슷한 동물이 낫다. 고릴라나 침팬지 같은 유인원류이다.

하지만 이 동물들은 다루기도 어렵고 새끼의 수도 적다. 또 비용 면에서 한 마리의 가격이 수천만 원에 달하며, 한 세대의 길이가 너무 길어 유전과 관련된 연구에 적합하지 않다. 더욱이 동물보호론자들의 강력한 반대가 만만치 않다. 그래서 질환 모델 실험용으로 사용하기에 여간 까다로운 게 아니다. 과학자들이 찾은 차선책은 쥐였다. 나름대로 적절한 조건들을 두루 갖췄기 때문이다.

쥐는 인간과 유전적으로 85% 정도가 비슷하다. 또 면역 체계나 몸 속 장기 구조가 인간과 유사하다. 그래서 인간에게 나타나는 고혈압, 암, 비만, 당뇨와 같은 질병이 쥐에서도 거의 발견된다. 더욱이 쥐는 번식력이 막강하다. 보통 태어난 지 한 달이면 성체가 되고, 3주마다 10여 마리씩 새끼를 낳는다.

사실 질환 모델용으로 사용될 수 있는 쥐는 1960년대에 우연히 발견됐다. 면역력이 결핍된 누드 쥐나 당뇨병을 앓고 있는 뚱보 쥐가 대표적인 예다. 당시 과학자들은 이들을 자연 교배시켜 그 혈통을 보존해왔다.

하지만 1980년대 원하는 유전자를 수정란에 도입할 수 있는 형질 전환 기술이 개발되자 상황이 달라졌다. 과학자들은 유방암이나 알츠하이머 치매와 같은 인간이 앓고 있는 각종 난치성 질병을 일으키는 듯한 유전자를 쥐의 난자에 집어넣었다. 이 질환 보유 난자에 정자를 인공적으로 수정시켜 천성적으로 질병을 앓는 새로운 쥐를 만들어낸다.

하지만 질환 모델로서의 쥐의 역할은 여기서 끝나지 않는다. 1980년대 말 획기적으로 새로운 형질 전환 기술이 개발됐다. 그런데 이 기술은 현재까지 쥐 외의 동물에서는 활용되지 못하고 있다.

기존의 전핵 주입법은 외래 유전자를 정자핵이나 난자핵에 집어넣음으로써 새로운 형질을 추가시키는 것이 목적이었다. 이에 비해 새로운 형질 전환 기술은 특정한 위치에 있는 유전자의 기능을 정지시키는 게 목적이다. 특정 유전자와 비슷하게 생긴 가짜 유전자를 주입해 가짜가 진짜처럼 슬쩍 끼어들어가도록 만든다. 그러면 본래 유전자의 기능은 정지한다. 이때 어떤 질환이 발생하는지 지켜보면 본래 유전자의 기능을 알 수 있다.

이 기술은 특정 부위를 정확히 찾아가 기능을 억제시킨다는 면에서 유전자 적중술(gene targeting)이라 불린다. 이제 유전자의 기능을 넣는 일 외에도 빼는 길이 열린 셈이다.

키메라 등장

그렇다면 유전자 적중술이 능력을 발휘할 수 있는 대상은 어디일까. 수정란이 발달하는 초기 단계의 세포다. 수정란은 2세포, 4세포를 거쳐 분열을 거듭하다 100여 개로 분열된 배반포기 상태에 이른다. 배반포기의 수정란은 몸의 어느 부위로 발달할지 정해지지 않은 단계의 세포덩어리다. 즉 신경이나 근육 어느 부위로 분화될지 정해지지 않은 상태다.

이 세포의 일부를 떼어내 배양하면 배아줄기세포를 만들 수 있다. 배아줄기세포의 한 가지 특징은 시험관에서 끊임없이 분열을 거듭한다는 점. 이 세포에 유전자 적중술을 이용해 적절한 유전자 기능을 상실시킨다(물론 필요한 외래 유전자를 집어넣을 수도 있다).

여기서 배아줄기세포의 장점이 드러난다. 유전자 적중술이 제대로 됐는지 확인할 수 있는 것이다. 전핵 주입법의 경우 수정란이 분열하기 직전 정자핵이나 난자핵에 원하는 유전자를 집어넣었다. 하지만 그 유전자가 능력을 발휘하는지 알려면 상당한 시간이 필요하다. 예를 들어 보람이나 메디처럼 완전한 개체가 탄생한 다음에야 형질이 전환됐는지 알 수 있다.

이에 비해 배아줄기세포를 사용하면 상황이 달라진다. 여러 배아줄기세포에 유전자 조작을 가한 후 시험관에서 배양시키면 다수의 후보 세포가 발생한다. 이 가운데 제대로 유전자가 변형된 것을 적절한 검색 기술을 통해 골라낼 수 있다.

다음 순서는 골라낸 세포를 다시 배반포기 수정란에 되돌려 집어넣는 일이다. 그렇다면 수정란 전체 세포에서 일부의 세포만 유전자가 변형된 셈이다. 그 결과 수정란이 분화돼 하나의 개체가 형성되면 부분적으로 유전 형질이 변형된 동물 키메라가 탄생한다.

이 키메라를 어디에 쓸 수 있을까. 과학자들이 노리는 것은 변형된 유전 형질이 키메라의 생식세포로 전해지는 것이다. 이 생식세포를 통해 태어난 동물은 100% 형질이 전환될 수 있다. 즉 배아줄기세포를 이용한 완전한 형질 전환 동물이 만들어지려면 적어도 1세대가 지나야 한다.

누드 양이 없는 이유

현재까지 이 방법이 적용된 사례는 쥐 하나뿐이다. 가축의 경우 배아줄기세포를 시험관에서 배양하는 데 실패해왔기 때문이다. 면역 기능을 나타내는 유전자를 없애 누드 쥐를 만들 수는 있어도 누드 양이나 누드 염소는 아직 생산할 수 없다는 의미다.

1999년 5월 일본과 영국의 공동 연구팀은 시궁쥐(rat)의 유전자 지도를 완성했다고 밝혔다. 시궁쥐는 당뇨병이나 고혈압을 연구하는 중요한 실험 동물로 사용되고 있다. 따라서 시궁쥐의 유전자 지도는 이 질병들과 깊은 관계를 가지는 유전자를 밝히는 데 중요한 기초 자료로 활용될 전망이다.

2000년 현재 한국에 수입되는 질환 모델 쥐는 한 마리에 보통 10~20만 원 대에 이르는 데, 특수한 유전자가 도입된 경우 100만 원을 호가한다.

실험실은 동물권 사각지대

비만 연구를 위해 만들어진 정상에 비해 2배 이상 뚱뚱한 쥐, 암 연구를 위해 개발된 면역성 없는 누드 쥐, 간질병에 걸려 1시간에 100번 이상 발작을 일으키는 쥐. 최근 미국의 한 실험동물연구소에서 '상품'으로 선보인 대표적인 쥐들이다. 연구소는 이들을 포함한 600여 종류의 돌연변이 쥐를 개발했다. 모두 인간의 난치병을 극복하기 위해 몸에 병을 하나씩 달고 태어난 동물이다.

이런 '가혹한' 생을 타고난 동물은 비단 쥐에 그치지 않는다. 1989년 인간 성장 호르몬 유전자를 보유한 돼지의 경우 스트레스에 과민하게 반응하고 몸이 무거워진 탓에 발을 절뚝거리는 수난을 당했다. 한국에서 개발된 산양 유전자 이식 돼지 역시 비슷한 처지다. 무거워진 몸무게를 견디지 못해 이 돼지는 서서 움직일 수가 없다고 한다. 태어난 동물은 둘째치고 수많은 실험 과정에서 폐기되고 있는 수정란에 대해서는 어떻게 생각해야 할까.

1999년 4월 5일 미국의 한 동물애호단체 회원들은 미네소타대학 실험실을 부수고 48마리의 형질 전환 쥐를 훔쳤다. 알츠하이머 치매 유전자를 이식한 개체들이었다. 한 연구원에 따르면 이 사건 때문에 알츠하이머에 대한 연구가 2년 정도 미뤄졌다고 한다. 실험 동물의 생존을 보장하고 불행을 막아야 한다는 '동물권(animal right)' 주창자들의 수많은 활동 사례 가운데 하나다.

선진국에서는 시험관 실험이나 컴퓨터 시뮬레이션을 적극적으로 활용하고 동물의 고통을 줄이는 실험법을 개발하는 등 실험 동물을 보호하려는 다양한 노력을 기울이고 있다. 한 예로 경제협력 개발기구는 약물의 치사량을 결정하기 위해 200마리의 동물 실험 자료를 요구해왔는데, 최근에는 그 수를 18마리로 대폭 줄였다.

1996년 유럽 연합의 조사 결과에 따르면 일반인들은 형질 전환 동물을 이용하는 것이 매우 위험하고 비도덕적인 것으로 생각하고 있다. 그래서 앞으로 치료용 단백질들은 식물이나 미생물에서 생산하고 대신 형질 전환 동물의 이용은 중단될 것이라는 견해도 나온다.

한국의 경우 동물 실험에 대한 법적 규제는 없다. 해마다 어느 정도의 실험 동물이 사용되는지에 대한 정확한 통계 자료도 없다. 매년 국내의 많은 연구소들은 실험 동물의 넋을 위로한다는 의미에서 '위령제'를 지내지만 그저 인간의 죄스러운 마음을 위안할 뿐이다.

5 복제 기술과의 만남

현재 형질 전환 동물을 성공적으로 탄생시킬 수 있는 비율은 3~5% 정도다. 그런데 이 성공률을 획기적으로 끌어올릴 수 있는 가능성이 1997년에 이미 제시됐다. 최초의 복제 동물 돌리의 탄생이다.

돌리는 핵 치환을 통해 태어났다. 즉 암양의 젖세포에서 핵을 빼내고 이것을 또 다른 암양에게서 얻은 핵을 제거한 난자에 넣어 만들어졌다. 이 기술이 기존 형질 전환 기술의 한계를 넘어설 수 있는 이유는 무엇일까.

영롱이와 메디가 만난다면

이전까지의 기술이 가지는 가장 큰 난점은 과연 수정란에서 유전자가 제대로 변환이 됐는지 확인하기 어렵다는 점이다. 그렇다면 아예 처음부터 확실하게 유전자가 변형된 것만을 고르면 문제가 해결된다. 하지만 수정란에 필요한 유전자를 집어넣고 개체가 탄생하기를 기다리는 전핵 주입법의 경우 이 일이 불가능하다. 물론 배아줄기세포를 이용하면 가능성이 커진다. 수많은 배아줄기세포 가운데 형질이 제대로 변형된 것을 골라 수정란에 집어넣으면 되기 때문이다. 하지만 현재로서는 쥐 외에 배아줄기세포를 활용할 수 있는 방법이 제대로 개발되지 않았다.

그런데 돌리의 탄생은 새로운 가능성을 열었다. 돌리는 정자와 난자와 같은 생식세포가 아닌 체세포의 핵에서 태어났다. 그렇다면 체세포의 핵을 변형시킨 후 복제 기법을 이용하면 손쉽게 형질 전환 동물이 발생할 수 있지 않을까. 예를 들어 양의 체세포 하나에 인간의 성장 호르몬 유전자를 주입한 후 시험관에서 배양하고, 이 가운데 성장 호르몬 유전자가 제대로 삽입된 것만 고르면 된다.

이 체세포의 핵을 떼어내 돌리와 같은 방법으로 복제시킨다면 어떨까. 새로 태어난 개체가 인간의 성장 호르몬 유전자를 가질 확률은 이론상 100%에 해당한다(물론 이 개체가 성장 호르몬을 분비하는 데 성공할지는 별개의 문제다). 더욱이 체세포가 어느 성(性)에서 얻어진 것인지 알 수 있기 때문에 원하는 성을 가진 가축을 태어나게 하는 일이 어렵지 않다.

실제로 영국의 로슬린 연구소는 PPL 세라퓨틱스 사와 함께 1997년 돌리에 이어 인간의 혈액응고인자 유전자를 지닌 최초의 '형질 전환 복제 동물' 폴리를 탄생시켰다. 1999년 초 미국의 젠자임 트랜스제닉 사는 비슷한 방법을 이용해 사람의 혈관 질병을 치료할 수 있는 안티트롬빈을 젖에서 생산하는 산양 밀리를 개발했다. 한국의 경우 많은 과학자들이 1999년 태어난 복제 소 영롱이와 진이를 형질 전환 동물 메디나 보람이와 연관시켜 생각하는 것은 바로 이런 배경에 따른 것이다.

복제 기술의 탄생은 질환 모델 동물 분야에도 기여를 할 수 있다. 쥐 외에도 그동안 수가 부족해 사용하기 어려웠던 고릴라나 침팬지에게 인간과 비슷한 병에 걸리게 만들고, 그 체세포를 이용해 복제함으로써 문제를 해결할 수 있다.

장기 이식 분야도 마찬가지다. 만일 사람에게 거부 반응을 일으키지 않는 돼지가 성공적으로 개발된다면, 그 돼지를 복제함으로써 인체 이식에 필요한 각종 장기를 현재보다 충분히 확보할 수 있다.

2002년 1월 마침내 형질이 전환된 복제 돼지가 탄생했다. 미국 미주리대와 바이오벤처인 이머지바이오 세러퓨틱스 연구진은 인체에 면역 거부 반응을 일으키는 유전자를 제거한 복제 돼지 4마리를 생산하는 데 성공했다고 밝혔다. 이 연구에는 강원대 수의학과

정의태 교수를 비롯한 한국 연구진이 참여해 눈길을 끌었다. 한편 영국 PPL 세라퓨틱스 사도 1월 2일 이 유전자를 제거한 복제 돼지 다섯 마리를 전년 크리스마스 때 탄생시켰다고 발표했다. 연구 책임자인 앨런 콜먼 박사는 우선 당뇨병 환자들에게 돼지 췌장의 인슐린 생산 세포를 이식하는 임상 실험을 4년 안에 실시할 것이라고 밝혔다. 하지만 아직 실용화의 길은 멀다. 돼지에게 감염돼 있는 바이러스가 인간에게 전염되는 문제가 남아 있기 때문이다. 돼지는 사람에게 전염될 수 있는 수십 종의 전염병을 갖고 있다. 1918년 2,000만 명의 목숨을 앗아간 '돼지 독감' 이 대표적 예. 이 독감 바이러스는 돼지와 사람의 독감 바이러스가 조합돼 만들어졌다.

물론 복제 동물의 건강 상태가 정상인지, 그리고 무엇보다 형질 전환 동물의 안전성, 즉 동물 자신에게 비정상적인 특징은 없는지 여부와 이들로부터 생산된 우유나 육질이 인간에게 안전한지 여부가 완전히 밝혀지기 전까지 마냥 낙관적으로만 생각할 수는 없을 것이다. 새로운 유전자가 강제로 몸에 주입된 동물들이 과연 인간을 위해 좋은 결과만을 선사한다고 기대할 수 있을까.

찾아보기